천문학자에게 가장 물어보고 싶은
질문 33

천문학자에게 가장 물어보고 싶은 질문 33

초판 1쇄 발행 2020년 9월 25일
초판 2쇄 발행 2021년 9월 6일

지은이 이광식

펴낸이 양은하
펴낸곳 들메나무 출판등록 2012년 5월 31일 제396-2012-0000101호
주소 (10893) 경기도 파주시 와석순환로 347, 218동 1102호
전화 031) 941-8640 팩스 031) 624-3727
이메일 deulmenamu@naver.com

값 16,000원
ISBN 979-11-86889-22-0 03440

천문학자에게 가장 물어보고 싶은 질문 33

이광식 지음

들메나무

"나는 나를 둘러싼 우주의 무한한 공간을 알아채고,
내가 이 광활한 우주 공간의 한구석에 묶여 있음을 발견한다.
왜 내가 지금 저기가 아니라 여기에 있는지 나는 모른다."

블레즈 파스칼 ★ 프랑스 수학자

'원조 별지기' 다석 유영모를 아십니까?

한국의 20세기 사상사에 늘 앞줄을 차지하는 철학자로 다석 유영모(1890~1981)라는 분이 있다. 호 다석多夕은 평생 저녁 한 끼만 먹었다는 데서 따온 거라니 이것부터가 범상치 않은데, 일단 정인보, 이광수와 함께 1940년대 조선의 3대 천재로 알려져 있다.

이밖에도 유영모를 특징짓는 요소들을 들자면, 일찍이 기독교에 귀의하여 〈성서〉에 대한 해박한 지식과 독특한 관점의 해설로 YMCA에서 35년간 성서연구반을 이끌었다는 것, 독립운동에 참가해 일제에 투옥 경험이 있으며, 씨알 함석헌이 그의 제자라는 점도 빠뜨릴 수 없겠다. 또 특이한 점은 도쿄 물리학교(현 도쿄이과대학)에서 수학하여 31살에 조만식의 후임으로 정주 오산학교 교장에 취임, 2년간 교편을 잡으면서 물리와 화학을 가르쳤다고 하니 보기 드문 이과형 사상가라 하겠다.

다석은 어릴 때 배운 한학으로 고전에도 밝았는데, 오산학교 부임 초 〈논어〉의 첫 구절 '학이시습지불역열호學而時習之不亦說乎'(배우고 때로 익히면 또한 기쁘지 아니한가)의 '학學'자 하나를 놓고 무려 2시간을 강의하여 사람들을 놀라게 했다는 '전설'을 남겼다. 함석헌의 씨알 사상의 원류도 다석이었다. 어쨌든 종교다원주의에 바탕한 유영모의 종교사상은 1998년 영국의 에든버러 대학에서 강의되었다고 하니, 우리나라 사상계에 큰 발자국을 남겼다고 하겠다.

그런데 이 다석이 우주에 깊은 관심을 가지고 한국의 원조 별지기 반열에 든다는 사실을 아는 사람은 그리 많지 않은 듯하다. 과학에 밝았던 다석은 아들과 함께 망원경을 손수 만들어서 수시로 천체관측을 했다고 한다. 다재다능한 인물이라 하지 않을 수 없다. 하긴 천재를 누가 말리랴.

다석은 천체관측을 함으로써 별에서 영원성을 발견하고 우주의 광대함에서 신을 발견했다. 다석은 자연의 위대함이 곧 신의 위대함이라고 믿었다는 점에서 "우주는 신이다"라고 말한 범신론자 스피노자와 맥을 같이하고 있다.

이처럼 철학자나 시인, 작가, 예술가 중 천문학에 관심이 깊었던 이가 적지 않다. 청마 유치환 시인 역시 그중 한 분인데, 만년에 제자가 "선생님은 시인이 안 됐으면 어떤 일을 하셨을까요?" 물으니 "그야 천문학자가 되었을 거야"라고 서슴없이 대답했다고 한다.

어릴 적 처음 별 얘기를 들은 이래 그 별은 내 가슴속에서 꺼지지 않은 채 반짝였고, 20대에 들면서 '내가 사는 이 우주는 과연 어떤 곳인가?'를 화두 삼아 우주를 알고자 시나브로 노력해왔다. 그러다 보니 어느덧 여러 권의 천문학 책을 세상에 내놓았고, 젊었을 때부터 천문학자를 만나면 꼭 물어보고 싶었던 질문을 스스로 정리하기에 이르렀다.

여기 실린 33개의 '우주 질문'들은 그동안 전국을 다니며 100여 차례 우주 특강을 해오면서 모은 자료에서 가려 뽑은 것으로, 천문학 전반을 아우르는 내용일뿐더러 보통 사람들이 우주에 대해 '가장 알고 싶어 하는 질문들'이다. 이를 식재료 삼아 맛깔스런 메뉴의 우주 맛집을 만들어보려 나름 노력했지만, 대우주를 한 권 안에 담다 보니 부족함이 적지 않으리라 생각한다. 그럼에도 이 책이 여러분을 우주와 천문학의 문턱에까지

안내하는 좋은 길라잡이가 되고 더 깊은 독서로 나아가는 데 디딤돌이 되어준다면 기쁘겠다.

요즘도 나는 지는 해만 봐도, 밤하늘에 뜬 달과 별만 봐도, '내가 어쩌다가 이런 희한한 세상에 살게 되었을까?' 놀라곤 한다. 아직도 내게 우주는 여전히 낯설고 신비로운 동네다.

삶이 때로 우울할 때, 절망스러운 느낌이 들 때, 지금 이 순간에도 지구는 초속 30km로 태양 둘레를 달리고, 우주는 빛의 속도로 팽창하고 있다는 사실을 한 번쯤 떠올려주기 바란다. 이런 놀라운 우주에서 내가 살고 있지 않은가 되새기면서.

우주의 항성기恒星期에 같이 살아가는 여러분의 행운을 빌며….

2020년 초가을 강화도 퇴모산에서

이광식 씀

우주 맛집 차림표

우주 졸음쉼터

1 우주란 무엇인가요?

행복한 사람은 오늘의 일이 일생과 얼마만큼 연결되어 있고,
영원의 일이 얼마나 구체화되었는지를 아는 사람이다.

◆ 제임스 클러크 맥스웰 | 영국 물리학자

흔히 하는 말로 삼라만상森羅萬象의 모든 것을 다 아울러 우주라 할 수 있습니다. "이 세상에 존재하는 모든 것들, 나를 포함한 인류와 모든 생명체, 지구를 비롯해 하늘의 해, 달, 별, 우리은하를 비롯한 모든 천체들을 다 아울러 우주라 할 수 있다"는 정도가 가장 알기 쉽고 보편적인 우주의 정의라 할 수 있겠죠. 단, 중요한 점은 우주에는 공간뿐 아니라 시간까지 포

함되어 있다는 사실이죠. 아인슈타인의 특수 상대성 이론에 따르면, 시간과 공간이 독립적이지 않고 서로 엮여 있으며, 우주는 공간 3차원과 시간 1차원을 합쳐 4차원 시공간space time을 이룬답니다.

우주宇宙라는 말 자체도 그래요. 중국 고전 〈회남자淮南子〉[1]에는 '예부터 오늘에 이르는 것을 주宙라 하고, 사방과 위아래를 우宇라 한다'는 구절이 있어요. 이 풀이는 우주가 시공간을 아우른 것이라 할 수 있는데, 바로 여기서 우주란 말이 유래했답니다.

우주를 가리키는 영어 유니버스universe는 온누리를 뜻하는 라틴어 우니베르숨universum에서 나왔죠. 고대 그리스어 코스모스cosmos는 질서를 가진 조화로운 체계로서의 우주를 말하죠. 피타고라스(BC 580?~500?)가 가장 먼저 쓴 말이라 하는데, 그는 우주를 '아름답고 조화로운 전체', 즉 코스모스로 봄으로써 우주를 인간의 사고 안으로 끌어들였답니다. 덧붙이면, 스페이스space는 인간이 활동하는 영역으로서의 우주 공간을 뜻합니다.

어떤 말을 쓰든 서양의 우주에는 공간만 있을 뿐 시간 개

---

1 — 중국 전한前漢의 회남왕 유안劉安이 저술한 일종의 백과사전

념은 없어요. 하지만 20세기 들어서 아인슈타인이 특수 상대성 이론에서 우주는 공간 3차원과 시간 1차원으로 이루어진 4차원 시공간 연속체라고 간파했을 때, 동양의 현자들이 일찍이 말한 시공간을 아우른 '우주'의 개념과 딱 맞아떨어짐을 확인하게 되었죠. 동양의 현자들은 그토록 현철賢哲했던 거죠.

우주론이란 '우주란 무엇인가?'라는 가장 근본적인 물음에 대한 답을 추구하는 분야로, 간략히 정의한다면 '우주의 탄생과 진화 그리고 그 종말에 관해 탐구하는 이론'이라 할 수 있죠. 인류의 출현과 함께 시작되었던 원시 우주론은 각 민족의 창조신화를 만들어냈으며, 참된 과학으로의 우주론은 20세기 초 아인슈타인의 일반 상대성 이론이 나온 이후 본격적으로 시작되었죠. 이제껏 상상과 종교적 이념의 어색한 혼합물이었던 우주론이 비로소 우주가 어떻게 작동하는지 해석할 수 있는 수학적 틀을 갖기에 이른 거죠.

현대에 와서 우주의 개념은 더욱 확장되었죠. 어떤 가설들은 우리가 사는 우주는 우리가 보는 것이 전부가 아니라고 주장하죠. 이런 가설들에 따르면, 우주에는 공간, 시간, 물질, 에너지 이상의 것들이 존재한답니다. 우리가 아직도 그 정체에 대해 실마리조차 잡지 못하고 있는 암흑물질과 암흑 에너지도 엄

연한 우주의 구성 분자들이죠. 그뿐 아니라, 우리 우주와는 완벽히 단절되어 있는 다른 우주들, 예컨대 다중우주나 평행우주 등도 무수히 존재할 거라고 믿는 사람들이 있습니다. 그러나 이 같은 가설은 결코 증명되지는 못할 거라는 게 대체적인 시각이긴 하죠.

이처럼 인류가 '우주는 무엇인가?'에 대한 답을 줄기차게 추구해왔지만, 아직도 우주에 대해서는 아는 것보다 모르는 것이 비할 바 없이 많죠. 어쩌면 이 우주는 인류에게 영원히 풀리지 않는 수수께끼일지도 모릅니다. "언젠가 과학의 모든 문제들이 해결되고, 우주의 모든 것에 대해 완벽하게 알게 되어 더 이상 풀 문제가 없는 날이 올까?" 하는 질문에 대해 지금까지 제시된 답안 중에서 가장 설득력 있는 답안을 작성한 이는 SF 작가 아이작 아시모프(1920~92)가 아닐까 싶습니다.

"우주는 본질적으로 매우 복잡한 프랙탈적 성질을 지니고 있으며, 과학이 연구하는 대상도 이러한 성질을 공유하고 있다는 것이 내 신념이다. 따라서 우주의 어떤 일부분이 이해되지 않은 채 남아 있고, 과학이 탐구하는 도정에 어떤 일부가 밝혀지지 않은 채 남아 있다면, 그것이 이해되고 해결된 부분에 비해 아무리 작은 부분이라 하더라도, 그 속에는 원래의 것과 다름없는 모든 복잡성이 들어 있다 고 본다. 따라서 우리는 결코 그 끝에 도달할 수 없을 것이다. 우리가 아무리 멀리 나아가더라도 우리 앞에 남아 있는 길은 여전히 처음과 마찬가지로 먼 길일 것이다. 이것이 우주의 신비다."

프랙탈이란 차원 분열 도형을 일컫는 말로, 작은 구조가 전체 구조와 닮은 형태로 끝없이 되풀이되는 구조를 말하죠. 자연에서 쉽게 찾을 수 있는 예로는 고사리와 같은 양치류 식물, 구름과 산, 리아스식 해안, 나뭇가지, 은하의 모습 등이 있습니다. 아시모프의 우주관은 우주 자체가 형이상학적인 프랙탈이라는 거죠. 그 속성은 무한반복입니다. 하나를 알게 되면 열 개의 수수께끼가 튀어나오는 구조인 거죠. 이처럼 우주는 우리 인간에겐 결코 풀리지 않는 신비랍니다.

이런 우주에 대해 '우주를 안다고 우주가 밥 먹여주나?' 하면서 고개를 외로 돌리는 우주 무관심자들이 적잖이 있는데, 우주가 내 삶과 아무런 관계가 없다고 생각하는 것은 정말 불행한 오해랍니다. 우주가 돈도 밥도 주지는 않지만 그보다 훨씬 중요한 것들을 줍니다. 우주를 모르고서는 참다운 삶을 살아가기 어렵습니다. 물리학자 조용민 박사가 "나는 누구인가를

■ 고대에서 현대 우주론으로의 발전이 상징적으로 표현되어 있다. (출처/NASA)

알고 싶다면 먼저 자신이 있는 곳, 바로 우주를 알아야 한다"고 말한 것도 그런 까닭일 겁니다.

불행하게도 현대인은 우주 불감증이라는 돌림병을 앓고 있죠. 머리 위에 있는 엄청난 세계를 까맣게 잊어버린 채 땅만 내려다보며 사는 삶은 균형을 잃어버리게 마련이죠. 그런 삶이 만족하고 행복한 삶이 될 수 있을까요? 옛사람은 '하늘을 잊어버리고 사는 그 자체가 재앙이다'라고 말했죠. 이처럼 우주를 아는 것은 곧 우리 자신을 아는 것이고, 우리 자신을 찾아가는 길이기도 합니다. 그래서 독일의 물리학자 겸 소설가인 울리히 뵐크는 "천문학자는 낭만주의자다. 우주를 이해하지 못하면 우리 자신을 이해할 수 없다고 천문학자는 믿는다"고 말했죠. 그는 또 "철학이 '나는 누구인가?'라고 묻는다면, 천문학은 '나는 어디에 있는가?'라고 묻는다"는 명언을 남겼죠.

중국의 작가이자 문명비평가인 린위탕林語堂은 삶에서 인간과 우주와의 관계를 중요하게 생각한 사람으로, 불후의 명수필집 〈생활의 발견〉 곳곳에 그러한 성찰이 담긴 명언들을 남기고 있죠. 우주 무관심자들에게 꼭 들려주고 싶은 말입니다.

"인간은 광대한 우주에 살고 있으며, 인간에 못지않게 경탄할 만한 우주에 살고 있다. 그러므로 인간의 주위를 에워싸고 있는 이 넓고 큰 세계의 기원과 숙명을 무시하고서는 참된 의미의 만족스런 생활을 해나갈 수 없다."

2 빅뱅이란 대체 뭔가요?

나는 신이 이 세상을 어떻게 창조했는지 알고 싶다.
나의 관심은 이런저런 현상을 규명하는 것이 아니라, 신의 생각을 알아내는 것이다.
그 나머지는 모두 부차적인 문제에 불과하다.

◆ 아인슈타인 | 미국 물리학자

영어 '빅뱅big bang'을 우리말로 옮기면 '큰 꽝' 정도가 되겠죠? 뭔가가 크게 폭발했다는 뜻인데, 폭발해서 무엇이 파괴되었다는 게 아니라, 거기서 우주가 튀어나왔다는 얘기랍니다. 그리고 무언가 폭발한 주체를 가리켜 원시의 알 또는 원시원자primeval atom라 부르죠.

이 말을 맨 처음 쓴 사람은 벨기에의 가톨릭 신부이자 천문학자인 조르주 르메트르(1894~1966)였어요. 아인슈타인의 일반 상대성 원리에 나오는 중력장 방정식[1]을 깊이 연구한 끝에 우주는 과거 한 시점에서 시작되었으며, 지금도 팽창하고 있다는 팽창우주 모델을 들고 나왔죠.

그의 대폭발 이론을 요약하면, 138억 년 전 매우 높은 에너지를 가진 작은 원시원자가 대폭발을 일으켜 우주가 탄생되었으며, 이렇게 탄생한 우주에는 물질과 함께 시간, 공간이 다 들어 있었다는 겁니다. 나중에 이른바 빅뱅 이론이란 이름을 얻게 된 이 대폭발설에 따르면, 우주의 맨 처음은 아름다운 불꽃놀이처럼 시작되었다는 거죠.

르메트르는 혁명적인 이 가설에서, 우주는 팽창하고 있으며, 이러한 팽창을 거슬러올라가면 우주의 기원, 즉 어제가 없는 오늘The Day without Yesterday이라고 불리는 태초의 시공간에 도달한다는 이론을 펼쳐냈죠. 이것은 우주도 우리처럼 탄생 시점이 있다는 놀라운 이론이었습니다. 르메트르가 빅뱅 이론을 들고 나온 것이 1927년이니까 아직 100년도 채 안 된 셈이네요.

원자보다도 작은 원시원자 하나가 폭발해서 이 대우주를

1— 공간상의 물질과 에너지의 분포에 따라 시공간의 곡률을 나타내는 아인슈타인의 방정식.

■ 솔베이 회의의 아인슈타인과 르메트르. 아인슈타인에게 팽창우주 모델을 설명했지만 냉담한 반응을 얻었을 뿐이다. (출처/Iona Institute NI)

만들었다니, 얼핏 들으면 참 황당하기 그지없는 이론이 현재는 확고한 우주 탄생의 이론으로 자리 잡고 있다는 얘긴데, 한번 찬찬히 풀어보도록 하죠.

공간과 시간이 응축된 한 특이점特異點 singularity[2]이 폭발하여 어느 한 시점에서 우주가 출발했다는 주장은 놀랍고도 파격적인 것이었죠. 그런데 르메트르가 논문을 이름 없는 학술지에

2 — 특정 물리량들이 정의되지 않거나 무한대가 되는 공간. 수학에서 특이점은 특정 수학적 양이 정의되지 않는 점을 말한다. 블랙홀의 중심, 빅뱅 우주의 최초점 등이 특이점의 대표적인 예다.

다 발표하는 바람에 별로 주목을 끌지 못했을 뿐 아니라, 학계에서는 대체로 무시하는 반응을 보였죠. 아인슈타인까지 르메트르로부터 직접 설명을 듣고도 "당신의 수학은 옳지만 당신의 물리는 끔찍합니다"라는 끔찍한 막말을 했다나요. 아인슈타인이 거부한다는 것은 곧 전 과학계가 거부한다는 뜻으로, 르메트르는 자신의 이론에 그만 흥미를 잃고 한동안 잊힌 듯이 지냈죠.

르메트르의 빅뱅 이론은 이처럼 처음에는 푸대접을 면치 못했지만, 시간은 르메트르의 편이었어요. 빅뱅 이론이 세상에 나온 지 2년 만에 놀라운 대반전이 일어났답니다! 1929년 미국의 천문학자 에드윈 허블(1889~1953)에 의해 우주가 팽창하고 있다는 관측 사실이 최초로 발견되었던 겁니다. 이로써 르메트르의 빅뱅 이론이 화려하게 부활하게 되었죠.

사실 빅뱅 이론이 나오기 전에는 우주가 언제 어떻게 생겨났다는 개념 자체가 별로 없었답니다. 우주에 창조의 순간이 있었다고 주장하는 빅뱅 이론의 반대편에는, 우주는 영원 이전부터 존재했으며 앞으로도 영원히 존재할 것이라고 주장하는 우주론이 있었는데, 이를 정상定常 상태 우주론(정상 우주론)이라 하죠. 이게 대세였어요. 정상 우주론은 영국의 천문학자 프레드 호일(1915~2001)과 허먼 본디 등이 빅뱅 이론을 정면 반박하며 제안한 우주론으로, 우주는 팽창하지만 새로 생기는 공간에 지속적으로 새로운 물질이 만들어져 일정한 밀도를 유지하면서 변함없는 모습으로 영속한다는 이론이죠. 따라서 정상 우주론에서는 굳이 떠들썩한 우주의 시작점을 상정할 필요가 없다는 점에서 편리한 이론이죠.

두 우주론은 팽팽하게 서로 맞서 우열을 다투었지만, 쉽게 승부가 쉽게 나지 않았어요. 이런 와중이던 1950년, 영국 BBC 방송에 출연한 정상 우주론자 호일이 빅뱅 이론을 비웃으며 "그럼 태초에 빅뱅이라도 있었다는 말인가?"라고 비꼬는 듯한 말을 내던졌는데, 이 말이 그대로 굳어져 빅뱅 이론이란 이름으로 정착되었죠. 빅뱅 이론의 반대론자 프레드 호일이 그 용어의 작명자인 셈이죠.

40년 동안이나 이렇게 맞서던 두 우주론은 단박에 승부가 결정지어졌는데, 바로 빅뱅의 물증이 발견되었기 때문이죠. 1948년 러시아계 미국 물리학자인 조지 가모프(1904~68)는 르메트르의 대폭발설을 연구한 결과, 우주가 가장 단순한 원소인 수소로만 시작되었다면 빅뱅의 강한 열기에 의해 그 4분의 1이 헬륨으로 융합될 것이고, 그 비율은 천문학자들이 관측해 얻은 현재 우주의 조성비와 거의 맞아떨어진다는 사실을 발견했죠. 가모프는 또한 헬륨을 만들어낸 고온에서 나온 빛光子이 아직도 온 우주에 떠돌고 있으며, 우주가 팽창하면서 냉각됨에 따라 파장이 길게 늘어나 현재 남아 있는 복사의 잔해는 절대온도 약 5K 정도의 마이크로파가 되었을 거라고 예측했답니다.

이 같은 이론에 따라 프린스턴 대학의 로버트 디케는 태초의 강렬한 복사선의 잔재가 오늘날까지 남아 있으며, 감도 높은 안테나로 검출할 수 있다는 결론을 내리고 막 그것을 찾아 나서려던 참이었는데, 그 잔재는 이미 다른 두 과학자에 의해 발견되어 있었죠.

1965년 미국의 전파 천문학자 아노 펜지어스와 로버트 윌슨은 벨 연구소의 대형 안테나에서 나는 소음을 없애기 위해 노력하던 중, 온 우주로부터 쏟아져들어오는 배경복사의 전파를 잡아냈어요. 일찍이 조지 가모프가 예언했던 우주 창생의 마이크로파였죠. 온도도 이론값인 5K에 근접한 3K였죠. 바로 대폭발의 화석이라 불리는 우주배경복사cosmic background radiation였답니다.

이 3K가 현재 우주의 체온이죠. 우주의 온도를 재는 것은 비교적 간단해요. 빛은 광자라는 입자로 이루어져 있고, 우주 공간 $1cm^3$당 광자가 약 400개 들어 있죠. 그 대부분은 우주 초

■ WMAP 관측 위성이 잡은 태초의 빛 우주배경복사. 색은 온도차를 나타낸다. (출처/NASA)

기 이래 여행을 계속해온 것들이며, 나머지는 별들에게서 온 것들이죠. 온도와 광자 사이에는 간단한 함수관계가 성립하는데, 이 멋진 공식에 따르면 광자 400개가 3K의 온도에 해당하죠. 참고로, 어두운 방 안에서 눈앞에 있는 하얀 종이를 인식하려면 적어도 4만 개의 광자가 필요하죠.

펜지어스와 윌슨의 발견에 대해 전 세계의 천문학자와 물리학자들이 찬사를 쏟아냈죠. NASA의 저명한 천문학자 로버트 재스트로는 '500년 현대 천문학사에서 가장 위대한 발견'이라고 칭송했으며, 〈뉴욕타임스〉는 1965년 5월 21일자 신문 머리기사에 '신호는 빅뱅 우주를 의미했다'라는 제목으로 세상에 우주 탄생의 메아리를 전했답니다. 이 발견으로 두 사람은 1978년 노벨 물리학상을 받았고, 빅뱅 이론은 표준 우주모형으로 받아들여졌죠. 이로써 빅뱅 우주론과 정상 우주론의 승부는 빅뱅 쪽의 완벽한 승리로 끝나고, 정상 우주론은 역사의 뒤편으로 퇴장할 수밖에 없었답니다.

지금도 우리는 이 우주배경복사를 직접 볼 수 있는데, 방송이 없는 채널의 텔레비전에 지글거리는 줄무늬 중 1%는 바로 그것이랍니다. 138억 년이란 억겁의 세월 저편에서 달려온 빅뱅의 잔재가 지금 당신 눈의 시신경을 건드리는 거라고 생각해도 결코 틀린 말이 아니죠.

빅뱅의 증거가 발견되었다는 소식은 임종을 앞둔 르메트르에게도 전해졌어요. 비록 병상에 누운 몸이었지만 무척 기뻐했겠죠? 자신의 이론이 맞다는 것이 마침내 증명되었으니까요. 하지만 그는 평생 신앙을 지켰던 과학자였죠.

'빅뱅의 아버지' 르메트르는 1966년 향년 72세로 우주 속으로 떠났습니다. 젊었을 때 신부가 되기로 결심하면서 르메트르는 이렇게 말했답니다.

"진리에 이르는 데는 두 길이 있다. 나는 그 두 길을 다 가기로 결심했다."

빅뱅 이전에는 무엇이 있었을까?

빅뱅에 대해 얘기할 때 사람들이 가장 궁금하게 여기는 점은 '대체 빅뱅이 왜 일어났나? 빅뱅 이전에는 무엇이 있었나?' 하는 것이다. 과학자들은 이런 질문을 받을 때 가장 골치 아파한다. 머리를 쥐어짠 끝에 궁리해낸 과학자들의 모범답안은 이렇다.

"과학은 '왜'라는 물음에 답하는 것이 아니라, '어떻게'라는 물음에 답하는 학문이다."

요컨대 과학은 빅뱅이 왜 일어났는가에 대한 답을 추구하는 게 아니라, 어떻게 일어났는가를 연구하는 학문이라는 주장이다. 언뜻 맞는 말인 듯도 하지만 왠지 기름장어 냄새가 나는 듯해 개운치는 않다. 그래서 미심쩍어하는 사람들을 위해 따로 준비해둔 답안은 다음과 같다.

"빅뱅과 동시에 시간과 공간이 시작된 만큼 '왜?'라는 질문 자체가 성립되지 않는다. 원인을 묻는 것은 시간적 인과관계가 있을 때 가능한 것이지, 그 전이란 게 없는 시간의 출발점에서는 가능하지 않기 때문이다. 그것은 북극점에서 북쪽이 어디냐고 묻는 것이나 같다. 그래서 빅뱅 이론의 아버지 르메트르는 '어제 없는 오늘the day without yesterday'이라 했다."

〈최초의 3분간〉을 쓴 노벨상 수상 물리학자 스티븐 와인버그는 태초에 대해 이와 비슷한 견해를 내놓았다. "시초가 있었다는 것, 그리고 시간 자체가 그 순간 이전에는 아무런 의미를 갖지 않는다는 것은 논리적으로 가능하다. 절대온도 −273.16도 이하의 온도가 아무런 의미를 갖지 못하는 것과 같은 이치다. 우리는 무열無熱보다 더 적은 열을 가질 수는 없다. 같은 이치로, 우리는 절대영시, 즉 그 이전에는 원리적으로 어떤 인과의 연쇄도 추적할 수 없는 과거의 한 순간이란 개념에 익숙해져야 할지도 모른다."

그런데 이런 개념을 벌써 1,500년 전에 생각한 사람이 있었다. 초기 기독교 철학자로 〈고백록〉을 쓴 성 아우구스티누스가 한 신자로부터 "하나님은 천지창조 이전에는 무엇을 하셨습니까?" 하는 질문을 받고는 이렇게 대답했다. "천지가 창조됨으로써 비로소 시간이 시작되었기 때문에 그 전이란 말은 의미가 없는 것이다."

빅뱅이 왜 일어났는가 하는 질문에 대해 양자론 입장에서 보다 친절한 답안을 작성한 사람은 미국의 물리학자인 알렉산더 빌렌킨이다. 1982년에 발표된 〈우주는 이와 같은 '무無'에서 탄생했다〉는 이론에 의하면 우주의 시작은 다음과 같다.

"우주는 에너지가 무한대의 밀도로 응축된 초고온의 극미점極微點, 곧 특이점에서 시작되었다. 그 특이점 역시 '무'에서 나타났다. 그러니까 우주가 무에서 생겨났다는 것이다. 만약 '무'가 아니라면, 그 아닌 것의 기원이 또 따라나오므로 우주는 필연적으로 무에서 시작될 수밖에 없다."

그런데 극미의 세계를 지배하는 법칙은 양자론인데, 양자론에서 볼 때 '무'의 상태란 있을 수가 없다. 아무리 빈 공간이라 하더라도 거기에는 불확정성 원리에 따른 양자요동, 곧 가상입자들이 끊임없이 쌍생성과 쌍소멸을 하는 들끓는 마당이다. 실제로 진공 속에 금속판 2장을 마주 보게 두면 진공 에너지를 검출할 수 있다. 이것이 카시미르 효과라는 현상이다. 또 극미세계에서는 매우 짧은 시간에 입자가 확률적으로 에너지 벽을 뚫을 수 있는데, 이를 터널 효과라 한다.

'무에서 저절로 필연적으로 우주가 생겨났다'고 주장하는 스티븐 호킹과 빌렌킨에 의하면, 유한한 우주가 시간과 공간, 에너지도 0인 '무'의 상태에서 이 터널 효과로 에너지의 벽을 뚫고서 돌연 태어났다고 한다.

호킹 박사는 '빅뱅 이전'을 이렇게 규정했다. "빅뱅 이전의 사건은 정의되지 않는다. 왜냐하면 아무 일도 일어나지 않았기 때문이다. 빅뱅 이전의 사건들에는 아무런 관찰 결과가 없으므로 이론으로 추구할 대상에서 벗어나며, 시간은 빅뱅에서 비로소 시작되었다고 말할 수 있다."

따라서 빅뱅은 왜 일어났는가 하는 질문에 대해 현재까지 작성된 모범답안은 다음과 같다. "빅뱅은 무에서 양자요동과 터널 효과에 의해 돌연 일어났다. 빅뱅은 모든 것의 기원이므로 그 이전의 과거 따위는 없다. 즉, 우주가 시작된 방법을 파악할 '원인'이란 건 존재하지 않는다. 인과가 없이 일어난 것이 바로 빅뱅이다."

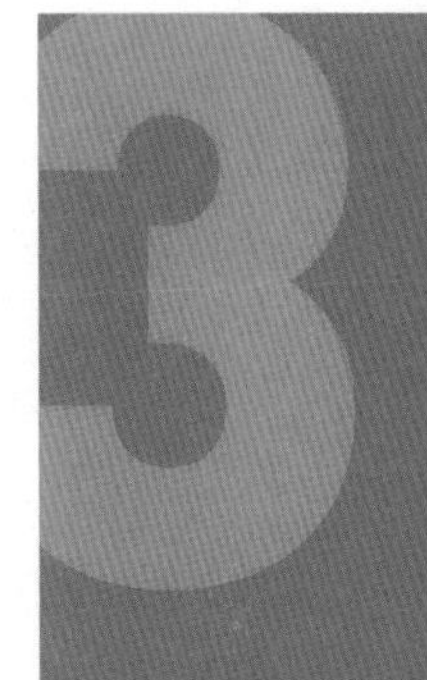

빅뱅 직후에는 무슨 일이 일어났나요?

이 세상이 환상일 수도 있고, 모든 존재는 꿈에 불과할지도 모르지만,
내가 보기에 이들은 너무도 현실적이어서
우리가 환상에 현혹되지 않고 있다는 것을 입증하기에 충분하다.

◆ 고트프리트 라이프니츠 | 독일 철학자

흔히 사람들은 빅뱅이 어떤 특정 장소에서 일어난 거라고 생각하기 쉬운데, 바로 나와 여러분이 있는 이 장소가 빅뱅 현장이랍니다. 최초에 극미한 공간이 지금의 우주로 팽창되었으니까 당연히 그럴 수밖에 없죠.

빅뱅 직후 갓 태어난 우주는 약 10^{-33}cm밖에 안 되는 아주 작은 우주였을 거라고 과학자들은 생각하죠. 그러나 그 속에는

무한대의 진공 에너지로 가득 차 있어 그야말로 격동의 현장이었을 겁니다. 빅뱅 직후 우주의 역사에 대해서는 자세한 그림이 나와 있지만, 대강의 줄거리만을 훑어보도록 하죠.

우주의 나이 10^{-43}~10^{-35}초일 때, 당시 우주의 온도는 원자핵도 존재할 수 없는 10^{27}도로, 빛과 입자의 원료들이 뒤섞인 형태의 에너지만이 존재합니다. 자연계의 4가지 기본 힘인 중력, 전자기력, 약력, 강력 중에서 중력을 제외한 나머지 3가지 힘은 이 시기에 대통일력으로 통합되어 존재했을 것으로 보며, 이 기간을 대통일 이론 시대라고 부르죠.

우주 나이 10^{-35}~10^{-32}초는 인플레이션, 곧 급팽창이 일어난 시기입니다. 이 시기에 우주는 짧은 시간에 지름이 10^{43}배, 부피로는 10^{129}배 늘어난 엄청난 팽창을 겪습니다. 이러한 급팽창은 우주의 에너지가 상태를 바꾸는 일종의 상전이 현상(수증기가 물로 바뀌는 것처럼 물질의 성질이 바뀌는 현상)을 겪는 과정에 강력이 대통일력에서 분리되면서 시작되었을 것으로 추정하고 있죠.

이후 우주는 극미한 시간 사이에 빅뱅의 무한대에 가까운 에너지가 아인슈타인의 물질-에너지 등가 방정식 $E=mc^2$에 따라 쿼크, 강입자, 중성자, 양성자(수소 원자핵), 입자와 반입자들을 탄생시켰고, 우주 나이 1초~3분 사이에 핵합성이 이루어집니다. 이때 우주의 온도는 100억~1억 도 정도까지 낮아진 상태로 양성자 간의 결합작용, 즉 수소 핵융합 반응이 일어나는 환경이죠. 그 결과로 전 우주에서 많은 헬륨이 생성됩니다. 우주 공간을 채운 수소와 헬륨의 원자 수 비율은 9:1, 질량 대비로는 3:1인데, 이는 1948년 빅뱅의 우주배경복사를 예견한 가모프가 예측했던 것과 거의 일치하는 값이죠.

빅뱅 직후의 우주는 수소와 약간의 헬륨으로 가득 찬 공간으로, 이 수소가 별을 만들고, 별 속에서 철까지의 원소들이 합성되었으며, 그보다 무거운 중원소들은 모두 초신성 폭발에서 만들어진 것들이죠. 그리하여 오늘날 우리은하를 비롯해 2조 개가 넘는 은하로 대우주를 만들었으며, 한 조그만 행성에서 인류를 탄생시켰고, 그 인류가 어머니 우주를 사색하기에 이른 거랍니다.

이렇게 보면 우주 삼라만상의 모든 것이 수소의 소동에 다름 아니라 해도 그리 틀린 말은 아닌 셈이죠. 성서에 보면 '하나님이 태초에 말씀logos으로 천지를 창조하셨다'는 구절이 나옵니다. 이에 대해 미국 천문학자 할로 섀플리는 '그 말씀이 바로 수소였다'고 재치있게 풀이하기도 했죠.

▪ 펜지어스와 윌슨이 우주배경복사인 마이크로파를 발견했던 홀름델 혼 안테나의 모습 (출처/wikipedia)

우주의 나이 38만 년에 이르면 획기적인 사건이 하나 일어나는데, 이제껏 입자들에 붙잡혀 움직이지 못하던 빛이 분리되어 방출되기 시작한 거죠. 이때 방출된 빛이 우주의 역사에 해당하는 시간 동안 내달려 지구에 도달하고 있답니다. 이 빛은 팽창된 우주 공간을 오래 주파하는 바람에 매우 큰 적색이동을 겪어 절대온도 3K의 마이크로파 복사가 되었죠. 일찍이 이론적으로 예측된 바 있는 우주배경복사랍니다. 대폭발의 메아리라 불리는 우주배경복사는 우주 공간의 배경 모든 방향에서 같은 강도로 들어오는 전파로, 이 초단파 잡음은 절대온도 약 3K에 해당하는 흑체복사 스펙트럼과 일치합니다.

우주의 체온은 우주의 크기에 반비례하죠. 빅뱅 우주 당시의 높은 온도가 138억 년이 지나는 동안 우주가 팽창함에 따라 계속 떨어져 3K에 이른 거랍니다. 우주배경복사를 발견해 1968년 노벨 물리학상을 받은 펜지어스는 자신들의 발견에 열광하는 세상 사람들을 보고 다음과 같은 소감을 남겼죠.

"오늘 밤 바깥으로 나가 모자를 벗고 당신의 머리 위로 떨어지는 빅뱅의 열기를 한번 느껴보라. 만약 당신이 아주 성능 좋은 FM 라디오를 가지고 있고 방송국에서 멀리 떨어져 있다면 라디오에서 쉬쉬 하는 소리를 들을 수 있을 것이다. 우리가 듣는 그 소리에는 수백억 년 전부터 밀려오고 있는 잡음이 0.5% 정도다. 이미 이런 소리를 들은 사람도 많을 것이다. 때로는 파도 소리 비슷한 그 소리는 우리의 마음을 달래준다."

4 우주가 팽창하고 있다는 건 어떻게 알았나요?

빛은 늙지 않는다. 빛의 속도에서는 시간이 얼어붙기 때문이다.
그러므로 어떤 거리에서 우주를 가로질러 지금 내 눈에 들어오는 빛도
그 빛이 출발한 최초의 상태와 똑같다.

• 크리스토프 갈파르 | 프랑스 물리학자

인류의 7천 년 과학사에서 최대의 과학적 발견 하나를 꼽으라면 서슴없이 우주 팽창을 드는 사람들이 적지 않습니다. 이 우주 팽창의 증거를 발견하여 인류에 고함으로써 20세기 천문학의 최고 영웅이 된 사람은 허블 우주망원경, 허블 법칙 등으로 너무나 잘 알려진 미국의 천문학자 에드윈 허블이죠.

1923년 10월 어느 날 밤, 윌슨 산 천문대에서 관측하던 허

블은 '인생 사진'을 찍었답니다. 그는 2.5m 반사망원경을 이용해 안드로메다 대성운으로 알려진 M31과 삼각형자리 나선은하 M33의 사진을 찍었죠. 며칠 후 안드로메다 성운 사진 건판을 분석하던 허블은 갑자기 "유레카!" 하고 크게 외쳤어요. 성운 안에 찍혀 있는 변광성을 발견한 거죠.

1912년 헨리에타 리비트가 변광성의 주기와 밝기가 밀접한 관계가 있음을 발견하고 이를 우주를 재는 표준 촛불로 삼아, 그때까지 알려지지 않았던 하늘의 자를 제공한 바 있었습니다. 리비트의 발견을 잘 알고 있던 허블은 안드로메다 변광성의 주기를 측정해본 결과 31.4일이라는 것을 알아냈죠. 여기에다 리비트의 자를 들이대어 지구까지의 거리를 계산해보니 놀랍게도 93만 광년이란 답이 나왔어요! 우리은하 크기보다 10배나 멀리 떨어져 있는 게 아닌가! 단순히 나선 모양의 성운으로 알고 있었던 안드로메다는 사실 우리은하를 까마득히 넘어선 곳에 있는 독립된 나선은하였죠. 이로써 인류 역사상 가장 먼 거리를 측정했던 허블은 새로운 우주 공간의 문을 활짝 열어젖혔던 거죠.

이 하나의 발견으로 허블은 일약 천문학계의 영웅으로 떠올랐답니다. 나중에 알려진 사실이지만, 허블의 계산은 참값보

■ 우주 팽창을 발견한 허블과 윌슨 산 천문대의 후커 망원경 (출처/NASA)

다 큰 차이가 나는 것이었죠. 현재 알려진 안드로메다 은하까지의 거리는 그 두 배가 넘는 250만 광년이죠.

밤하늘에서 빛나는 모든 것들이 우리은하 안에 속해 있다고 믿고 있던 사람들에게 이 발견은 청천벽력과도 같은 것이었죠. 갑자기 우리 태양계는 조그만 물웅덩이 정도로 축소돼버리고, 태양은 우주라는 드넓은 바닷가의 한 알갱이 모래에 지나지 않은 것이 되어버린 거죠. 은하들 뒤에 다시 무수한 은하들이 늘어서 있는 무한에 가까운 우주임이 드러난 셈이죠. 이것은 인류에게 근본적인 계시였답니다.

과학자들은 은하들이 제자리에 고정되어 있지 않다는 사실을 알고 있었죠. 1912년, 로웰 천문대의 베스토 슬라이퍼는 은하 스펙트럼에서 적색이동[1]을 발견하고, 은하들이 엄청난 속도

---

1 — 별이 멀어질 때 나오는 빛의 파장이 길어지는 도플러 효과에 의해 파장에서 빛의 중심이 긴 쪽(적색)으로 약간 이동하는 효과다. 적색편이라고도 한다.

로 지구로부터 멀어지고 있다는 사실을 처음으로 알아냈어요.

허블은 슬라이퍼의 연구를 기초로 삼고, 그동안 24개의 은하를 집요하게 추적해서 얻은 자신의 관측자료를 정리하여 거리와 속도를 반비례시킨 표에다가 은하들을 집어넣었죠. 그 결과 놀라운 사실이 하나 드러났어요. 멀리 있는 은하일수록 더 빠른 속도로 멀어져가고 있는 게 아니겠어요. 먼 은하일수록 후퇴속도는 더 빠르며, 은하의 이동속도를 거리로 나눈 값은 항상 일정하답니다. 이것이 1929년에 발표된 허블의 법칙이죠.

훗날 이 상수는 허블 상수로 불리며, 'H'로 표시되죠. 허블 상수는 우주의 팽창속도를 알려주는 지표로서, 이것만 정확히 알아낸다면 우주의 크기와 나이를 구할 수 있답니다. 그래서 허블 상수는 우주의 로제타석이라 하죠. 허블은 그 값을 550km/s/Mpc(100만pc만큼 떨어진 천체는 1초에 550km의 속도로 멀어진다는 뜻. 1pc은 3.26광년)이라고 구했어요. 그것을 적용하면 우주의 나이가 20억 년밖에 안 되는 것으로 나와요.

20세기가 끝나도록 과학자들은 허블 상수의 정확한 값을 놓고 열띤 논쟁을 벌였죠. 이를 두고 허블 전쟁이라고까지 했답니다. 2006년 찬드라 엑스선 관측선의 관측을 기반으로 비례상수가 77(km/s/Mpc) 근처라는 것이 확인되었죠. 이 허블 상수의 역수는 약 150억 년인데, 이러한 우주시간 척도는 우주의 나이에 대한 대략적인 측정치일 뿐이죠. 지금도 허블 상수는 천문학에서 가장 중요한 상수로 다뤄지고 있는데, 허블 법칙을 식으로 나타내면 다음과 같습니다.

V=Hr (V : 은하의 후퇴속도 [km/s], H : 허블 상수 [km/s/Mpc]), r : 은하까지의 거리 [Mpc]

1929년, 우주가 팽창하고 있다는 사실이 발표되었을 때 사람들은 엄청난 충격을 받았죠. 이 우주가 지금 이 순간에도 무서운 속도로 팽창하고 있으며, 우리가 발붙이고 사는 이 세상에 고정되어 있는 거라곤 하나도 없다는 이 현기증 나는 사실에 사람들은 황망해했답니다. 최초로 인류가 지구상을 걸어다닌 이래 우리 인간사가 불안정하다는 것을 알고는 있었지만, 20세기에 들어서는 하늘조차도 불안정하다는 사실을 깨닫게 되었던 거죠. 그것은 제행무상諸行無常의 대우주였습니다.

외부은하의 스펙트럼에서 나타나는 적색이동이 그 거리에 비례한다는 법칙으로 속도-거리 법칙이라고도 불리는 허블 법칙은 최근 이름을 바꾸게 되었는데, 르메트르가 떠난 지 50

■ **허블 우주망원경. 한 세대 가까이 우주에 떠서 인류의 우주관을 바꾸어놓았다.** (출처/NASA)

여 년이 지난 2018년, 국제천문연맹IAU은 오스트리아 빈에서 열린 연례회의에서 허블의 법칙을 개명하는 찬반투표를 실시한 결과 78%가 찬성해 '허블·르메트르의 법칙'으로 이름을 바꾸었죠. "법칙의 물리적 설명과 증거는 허블이 제시했지만, 르메트르 역시 관련 연구를 비슷한 시기에 수행해 우주 팽창을 수학적으로 유도한 업적을 다시 기리기 위한 것"이라고 설명했습니다.

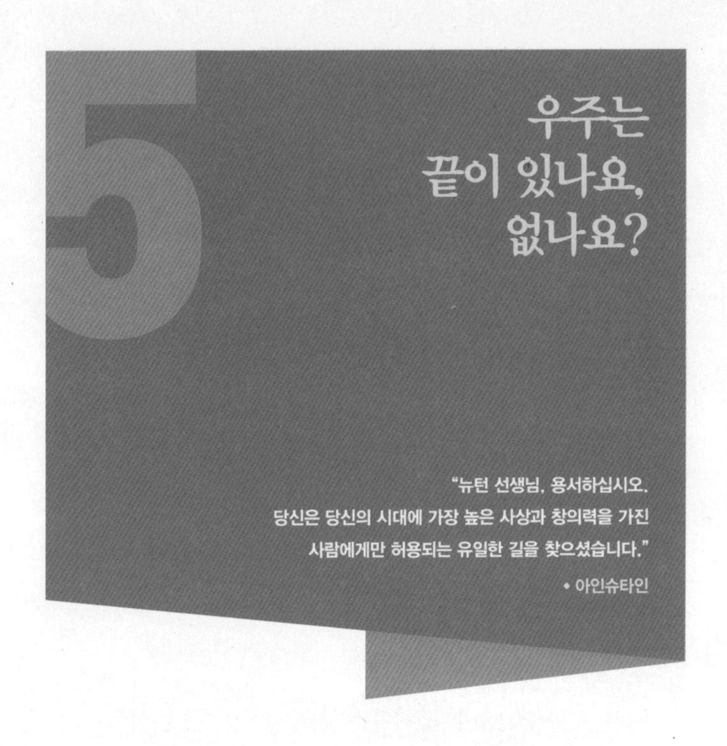

5 우주는 끝이 있나요, 없나요?

> "뉴턴 선생님, 용서하십시오.
> 당신은 당신의 시대에 가장 높은 사상과 창의력을 가진
> 사람에게만 허용되는 유일한 길을 찾으셨습니다."
>
> • 아인슈타인

우리가 볼 수 있고 관측할 수 있는 우주에 국한해 생각한다면 우주의 끝은 분명 있습니다. 138억 년 전에 우주가 태어났으니까, 우리는 빛이 138억 년을 달리는 거리까지만 볼 수 있을 뿐이죠. 그것을 우주 지평선이라고 하죠. 그렇다면 과연 이 우주는 실제로 끝이란 게 있을까요, 아니면 무한할까요?

우리가 체험하는 현실세계의 모든 사물에는 시작과 끝이

있습니다. 즉, 유한하다는 말이죠. 그런데 이것을 우주에 적용하면 우리 이성에는 바로 에러가 뜹니다. 우선 우리의 경험칙으로 비추어볼 때, 우주에 끝이 있다는 것도 모순이요, 끝이 없다는 것도 모순처럼 보입니다. 끝이 있다면 또 그 바깥은 또 무엇이란 말인가? 무엇인가 끝이 있다는 것은 그로부터 다시 어떤 것이 시작된다는 의미이기도 합니다. 그렇다고 끝이 없는 상태를 상상하기도 어렵습니다. 따라서 우주에 끝이 있다는 것도 모순이요, 없다는 것도 모순이라는 거죠.

칸트는 선험적 변증론에서 유명한 순수이성에 네 가지 이율배반이 있다고 지적했는데, 이율배반이란 이렇게 생각해도 모순이요, 저렇게 생각해도 모순이라는 뜻입니다. 바로 우리가 논의하고 있는 우주의 문제가 그렇죠. 만약 우주에 시작이 있었다면, 왜 우주는 시작되기 전 무한한 시간을 기다렸을까? 반대로, 만약 우주가 영원토록 존재하는 것이라면 왜 현재 상태에 도달할 때까지 무한한 시간이 걸렸을까? 이 둘은 이율배반이라는 거죠.

실제로 칸트는 우주에 대해서 깊이 사색한 철학자였습니다. 칸트의 박사학위 논문이 철학이 아니라 천문학 이론임을 아는 사람은 그리 많지 않은 것 같아요. 1755년에 발표된 칸트의 학위 논문은 그 제목부터가 '일반 자연사와 천체 이론'이었죠. 하긴 그 시대는 철학과 천문학 사이에 명확한 선이 없던 때이기는 했죠. 하지만 칸트의 논문은 명확히 천문학에 관한 내용이었어요. 그것도 우리 태양계의 생성에 관해 가장 설득력 있는 학설로, 흔히 성운설이라고 불리는 것이죠. 현대 천문학 교과서에도 '칸트의 성운설Kant's Nebula Hypothesis'로 당당하게 자리 잡고 있답니다.

칸트는 우주의 크기나 발생 가능성 등의 다양성에서 무한하다고 생각했는데, 그것은 바로 '우주는 신의 반영으로, 무한한 신이 유한한 우주를 창조했을 리 없다'고 생각한 때문이죠. 하지만 일찍이 아리스토텔레스는 무한이 실재하지 않는 것임을 삼단논법으로 이렇게 명쾌히 증명했어요.

"무한이라 해도 결국 유한한 것들의 집합일 뿐이다. 그런데 유한한 것들은 아무리 모아봐야 유한하다. 고로, 무한이란 존재하지 않는다."

요컨대 무한이란 상상 속에 존재하는 관념일 뿐이라는 거죠. 삼라만상을 이루고 있는 우주의 모든 원자의 개수도 대략 10^{81}제곱 개로 유한하답니다.

이 우주라는 시공간이 시작된 것이 약 138억 년 전이라는 결론은 이미 나와 있습니다. 138억 년 전 '원시의 알'이 대폭발을 일으켰고, 그것이 팽창을 거듭하여 오늘에 이르고 있다는 이른바 빅뱅 우주론이죠. 여기에 딴죽을 거는 과학자들은 거의 없어요.

그렇다면 실제로 우주의 크기가 얼마나 될까요? 우주 크기의 최대치를 계산하려면 일반 상대성 이론을 이용해 팽창하는 우주를 컴퓨터로 모델링할 수밖에 없는데, 이에 따르면, 우주는 지난 138억 동안 초기 인플레이션을 거친 팽창으로 현재 지름 930억 광년으로 부풀었답니다. 하지만 우리는 우주 지평선인 130억 광년까지만 볼 수 있을 뿐, 그 너머는 결코 볼 수가 없죠. 거기서 오는 빛이 우리에게까지 닿을 만큼 우주의 시간이 흐르지 않았기 때문이죠.

여기서 당연히 이런 의문이 고개를 듭니다. 그렇다면 우주도 유한하다는 얘기네? 그렇죠. 현대천문학은 우주의 구조에 대해 이렇게 말합니다.

"우주는 유한하나 그 경계는 없다."

이게 무슨 뜻인가? 우주의 지름이 930억 광년으로 유한하지만, 그 경계나 끝은 딱히 없다는 뜻이죠. 우주는 아무리 가더라도 그 끝에 닿을 수가 없습니다. 왜? 우주의 시공간은 거대한 스케일로 휘어져 있어 중심이란 것도 없고, 가장자리란 것도 존재하지 않는 구조니까요.

이런 얘기를 들으면, 누구나 '어찌 그럴 수가?' 하는 의문을 갖지 않을 수 없겠죠. 현대 우주론자들은 다음과 같이 답합니다. "우주는 3차원 공간에 시간 1차원이 더해진 4차원의 시공간으로 크게 휘어져 있어 중심도 경계도 없다. 2차원 구면이 중심이나 경계가 없는 것과 같은 이치다."

뫼비우스 띠만 해도 그렇죠. 종이 띠를 한 바퀴 비튼 후 이어붙이면 안과 밖의 구별이 없는 뫼비우스의 띠가 됩니다. 개미가 뫼비우스의 띠를 따라 표면을 이동하면 경계를 넘지 않고도 반대 면에 이를 수 있죠. 이 뫼비우스 띠의 3차원 버전이 바로 우주의 구조라는 것입니다.

클라인 병은 더 극적인 현상을 보여주죠. 1882년 독일 수학자 펠릭스 클라인이 발견한 이 병은 안과 바깥의 구별이 없는 공간을 가진 구조입니다. 클라인 병을 따라가다 보면 뒷면으로 갈 수 있어요. 그러니 안과 밖이 반드시 따로 있다는 것은 우리의 고정관념일 뿐이란 얘기죠. 3차원의 우주는 이런 식으

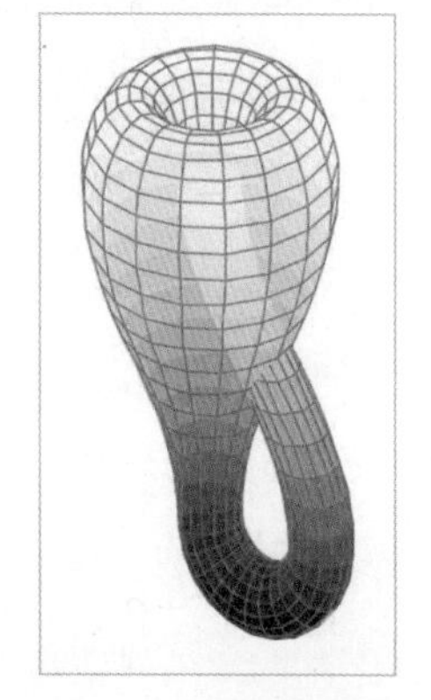

■ 뫼비우스의 띠와 클라인 병. 종이 끝을 테이프로 이어 붙여 만든 뫼비우스의 띠를 따라 개미가 기어간다면 경계를 넘지 않고도 원래 위치의 반대 면에 닿게 된다. 클라인 병은 표현상 몸체를 뚫고 들어가는 것처럼 그려졌지만, 실제로는 자기 자신을 뚫고 들어가지 않는다. (출처/wikipedia)

로 휘어져 있다는 겁니다.

이 '유한하면서도 끝이 없는' 우주는 바로 아인슈타인이 최초로 생각한 우주의 구조입니다. 그는 무한한 우주가 불가능한 이유로, 중력이 무한대가 되고, 모든 방향에서 쏟아져 들어오는 빛의 양도 무한대가 되기 때문이라고 보았죠. 그리고 공간의 한 위치에 떠 있는 유한한 우주는 별과 에너지가 우주에서 빠져나가는 것을 막아줄 아무런 것도 없기 때문에 역시 불가능하며, 오로지 '유한하면서 경계가 없는' 우주만이 가능하다고 생각했습니다.

이러한 아인슈타인의 '유한하나 끝이 없는' 우주에 대해 반론을 펴는 과학자들에 대해 〈뉴욕타임스〉는 이렇게 쏘아붙인 적이 있어요. "우주가 어디선가 끝이 있다고 주장하는 과학자들은 우리에게 그 바깥에 무엇이 있는지 알려줄 의무가 있다." 이들이 주장하는 끝이 있는 우주라면 그 끝의 경계에 블록담장이라도 세워져 있다는 걸까요?

이에 반해 노벨 물리학상 수상자인 막스 보른 같은 독일 물리학자는 "유한하지만 경계가 없는 우주의 개념은 지금까지 생각해왔던 세계의 본질에 대한 가장 위대한 아이디어의 하나"라고 극찬했다지요.

아인슈타인의 일반 상대성 이론에 따르면, 우주에 존재하는 물질이 공간을 휘어지게 만들고, 그래서 우주 전체로 볼 때 우주는 그 자체로 완전히 휘어져 들어오는 닫힌 시스템입니다. 따라서 유한하지만, 경계나 끝도 없고, 가장자리나 중심도 따로 없는 구조라 할 수 있죠. 이것이 바로 아인슈타인이 깊은 사유 끝에 도달한 우주의 모습입니다.

아인슈타인의 일반 상대성 이론은 '중력과 가속도는 같다'는 등가 원리를 기초로 하는데, 등가 원리의 중요한 결과는, 중력이 본질상 모든 물체를 서로 끌어당기는 힘(만유인력)이 아니라는 점이죠. 이는 뉴턴의 중력 이론을 크게 수정한 거라 할 수 있죠. 태양계를 예로 들면, 뉴턴 역학에서는 태양과 지구가 서로 끌어당기는 만유인력에 의해 지구가 태양 주위를 타원운동하는 것으로 설명합니다. 그러나 일반 상대성 이론에서는 태양이라는 질량체에 의해 주위의 시공간이 휘어져 있어서 지구는 휘어진 공간 내에서 직선운동을 한다고 설명하죠. 미국의 물리학자 존 휠러는 이것을 "물질은 시공간이 어떻게 휠지를 말해주고, 시공간은 물질이 어떻게 움직일지를 말해준다"라는 말로 표현했죠.

이처럼 우주의 시공간은 휘어져 있기 때문에 무한 사정거리의 총을 발사하면 그 총알은 우주를 한 바퀴 돌아 쏜 사람의 뒤통수를 때린다는 얘기입니다. 그 사람이 그때까지 살아 있기만 한다면 말이죠. 우주 공간이 평탄하게 보이는 것은 3차원의 존재인 우리가 휘어져 있는 4차원 시공간을 느끼지 못해서 그렇다는 겁니다.

이처럼 우주는 중심도 가장자리도 없는 4차원 시공간입니다. 내가 있는 이 장소가 우주의 중심이래도 틀린 말은 아닌 셈이죠. 공간 속의 모든 지점은 동등합니다. 신 앞에 우주의 모든 것은 공평하다고 하는 것이 바로 이를 두고 한 말인지도 모르죠.

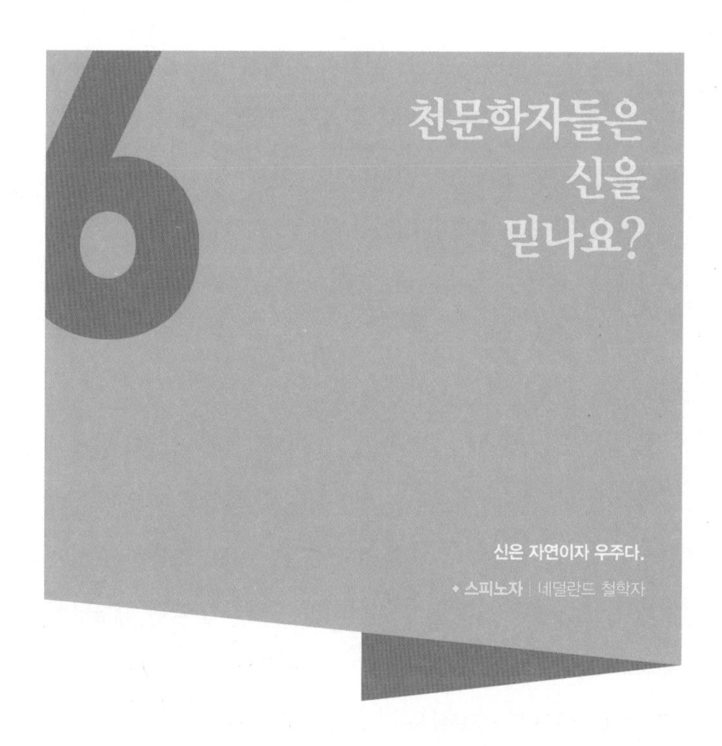

천문학자들은 신을 믿는가? 믿는다면 어떤 종교를 가장 많이 믿는가? 이런 질문들이 많은 것은 천문학이 아무래도 '하늘의 과학'이기 때문일 겁니다.

그러나 일반적으로 천문학은 특별히 신의 존재에 대해 언급할 대목이 별로 없지 않나 싶습니다. 과학은 확인된 이론과 실험, 증거에 기초해 결론을 이끌어냅니다. 하지만 신의 존재는

그런 결론을 도출할 수 있는 영역의 문제가 아니란 거죠. 다시 말해, 과학은 존재하고 관측할 수 있는 것에 대한 내용과 변화를 연구할 수 있을 뿐이란 겁니다.

그러나 종교와 과학이 대척점에서 서로 충돌한 사례는 인류 역사에서 넘치도록 많습니다. 그중 가장 극적인 충돌은 16세기 이탈리아 철학자인 조르다노 브루노(1548~1600)와 로마 가톨릭의 경우일 겁니다.

"우주는 무한하게 펼쳐져 있고 태양은 그중 하나의 항성에 불과하며, 밤하늘에 떠오르는 별들도 모두 태양과 같은 종류의 항성이다"라는 무한우주론을 주창한 브루노는 가톨릭 교회에 의해 종교재판을 받은 끝에 이단이라는 낙인이 찍혀 화형당했습니다. 1600년, 로마에서 브루노가 화형당할 때 예수회 사제들이 지금이라도 지동설을 부정하면 화형을 교수형으로 바꿔주겠노라고 제안했지만, 그때 브루노가 한 말이 유명하죠. "말뚝에 묶여 있는 나보다 나를 불 붙이려는 당신들이 더 공포에 떨고 있군."

죽음 앞에서도 자신의 우주론적 신념을 지키기 위해 의연히 화형당한 브루노는 오늘날 사상의 자유를 지킨 순교자로 평가받고 있죠. 그가 죽은 지 300년 만인 1899년, 빅토르 위고,

헨리크 입센, 바쿠닌 등 지식인들은 사상의 자유를 위해 순교한 브루노를 기리기 위해 그가 화형당한 로마의 캄포데 피오레 광장에 동상을 세웠습니다. 브루노의 동상에는 이런 글귀가 새겨져 있죠.

■ 로마의 캄포데 피오레 광장에 서 있는 브루노의 동상 (출처/wikipedia)

"브루노에게.
그대가 불에 태워짐으로써
그 시대가 성스러워졌노라."

브루노의 뒤를 이은 박해자가 바로 갈릴레오 갈릴레이입니다. 브루노가 화형당한 지 한 세대 뒤인 1632년 2월, 〈두 주요 우주체계에 대한 대화〉라는 책을 펴내 지동설을 주장한 갈릴레오는 곧바로 로마의 종교재판소에 소환되었으며, 그의 책은 반년도 못되어 금서목록에 올랐죠. 이에 맞서 갈릴레오는 "성서는 우리가 하늘에 어떻게 가는지를 말해줄 뿐, 하늘이 어떻게 움직이는지를 말해주지는 않는다"라면서 버텼지만, 이미 70세에 접어든 노인이 고문 기계와

〈성서〉 구절을 들이대며 위협하는 심문관들에게 굴복하지 않을 도리가 없었죠. 성구는 '구약성서' 중 여호수아 10장 12~13절 내용이었죠.

"여호와께서 아모리 사람들을 이스라엘 자손에게 붙이시던 날에 여호수아가 이스라엘 목전에서 여호와에게 고하되, 태양아 너는 기브온 위에 머무르라, 달아 너도 아얄론 골짜기에 멈출지어다 하매, 태양이 머물고 달이 그치기를 백성이 그 대적에게 원수를 갚도록 하였느니라. 야살의 책에 기록되기를 태양이 중천에 머물러서 거의 종일토록 속히 내려가지 아니하였다 하지 않았느냐."

천동설에 기댄 내용임이 명백하죠. 이 성구만큼 중세 지식인들의 정신을 옥죈 고문 도구도 없을 겁니다. '천동설 선언' 같은 이 한 문장이 1천 년 이상 두고두고 지식인들에게 엄청난 고통을 강요했습니다. 갈릴레오도 예외가 아니었죠. 마침내 그는 심문관 앞에 꿇어앉아 '철학적으로 우매하고 신학적으로 이단적인 지동설'을 스스로 철회할 것이며, 이후 그러한 주장을 하지도 않고 가르치지도 않겠다고 선서했지만 끝내 종신형을 언도받고 가택 연금되었죠. 전설에 따르면, 갈릴레오가 법정을 나서면서 "그래도 지구는 돈다"고 중얼거렸다고 하는데, 이는 사실이 아닌 듯해요. 하지만 '전설'은 언제나 그렇듯이 대중의 '바람'을 담고 있는 법이죠.

갈릴레오는 죽을 때까지 꼬박 9년을 가택 연금당한 끝에 1642년 삶을 마감했습니다. 그해는 뉴턴이 태어난 해이기도 하죠. 교황과의 불화로 인해 근대과학을 연 이 위대한 과학자는 제대로 장례식도 치르지 못한 채 대충 묻혔지만, 그로부터 350년 뒤인 1992년, 로마교황 요한 바오로 2세는 그 재판이 잘못된 것이었음을 인정하고 갈릴레오에게 사죄했답니다.

과학과 종교의 다음 라운드는 20세기 들어 로마 가톨릭과 그 신부이자 천문학자인 조르주 르메트르 사이에 시작되었습니다. 그때 교황은 비오 12세였는데, 1951년 교황청 과학원 회의에서 르메트르의 빅뱅 이론과 '창세기'의 창조를 연결하면서 "오늘날의 과학은 '빛이 있으라' 했던 태초의 순간을 증언하는 데 성공한 것으로 보입니다. 창조의 순간은 분명히 존재했습니다. 우리는 선언합니다. 그러므로 창조주는 존재했으며, 따라서 신도 존재합니다"라고 호기롭게 선언했답니다.

'빅뱅의 아버지'인 르메트르는 이 말에 크게 화를 내며, 개

인적으로 종교와 과학을 섞는 것에 반대한다고 밝혔죠. 그도 그럴 것이, 당시는 르메트르의 빅뱅 이론과 그 반대편의 정상 우주론이 치열하게 논쟁하던 시점이라, 반대 진영에 '신부니까 그런 이론을 만들었겠지' 깎아내릴 빌미를 주기 때문이죠. 르메트르는 일개 신부의 신분이었지만 교황에게 빅뱅 이론을 더 이상 언급하지 말아줄 것을 건의했고, 이후 교황은 두 번 다시 빅뱅을 입에 올리지 않았답니다. 갈릴레오 시대에 비하면 참 격세지감이 느껴지는 대목이죠.

하지만 르메트르는 "진리에 이르는 데는 두 길이 있다. 나는 그 두 길을 다 가기로 결심했다"면서 평생 과학과 종교를 함께 믿었던 과학자였습니다. 그는 과학과 종교에 대해 다음과 같은 말을 남겼습니다. "교회가 과학을 필요로 합니까? 아닙니다. 십자가와 복음만으로 충분합니다."

우주의 창조와 신의 문제를 논할 때 감초처럼 등장하는 이론이 하나 있는데, 바로 미세조정 문제fine-tuning problem라는 겁니다. 우주에 생명이 존재하기 위해서는 물리학의 기본상수들이 매우 좁은 범위 내에 존재해야 하며, 여러 물리상수들이 지금의 값과 조금만 달랐더라도 현재의 우주와 다양한 원자들, 인간을 포함한 생명체들이 존재하기 어려웠을 거라는 입장이죠. 이 같은 주장은 특히 창조주의자나 지적설계론자들 사이에서 폭넓게 받아들여지고 있죠.

이에 관해 설득력 있는 증거를 찾는 과학자들 사이에서도 다양한 자연주의적 설명이 제안되고 있는데, 인류원리anthropic principle도 그중 하나죠. 요컨대 우주의 모든 상태와 성질은 인간이 우주에 존재한다는 사실과 모순되어서는 안 된다는 거죠. 간단한 예를 들자면, 왜 하필 지구가 태양으로부터 1억 5천만 km 떨어져 있을까 하는 문제를 인류원리로 설명한다면, 지구가 그보다 더 멀리 있거나 더 가까이 있었다면 지금 그런 문제를 생각하는 인간이 존재하지 못했을 거라는 논리죠. 하지만 이 인류원리의 최대 약점은 아무런 예측력이 없다는 점입니다. 이런 점에서는 지적설계론이나 크게 다를 바가 없는 이론이라 할 수 있겠죠.

이에 비해 20세기의 가장 뛰어난 우주론자라는 평가를 받는 영국의 휠체어 물리학자 스티븐 호킹은, 천동설에 기반한 아리스토텔레스의 우주관이 그처럼 기독교에 잘 흡수된 것은 '항성천구 바깥으로 천당과 지옥을 배치할 충분한 공간이 있었기 때문'이라고 평했을 정도로 무신론자였습니다. 남편을 헌신적으로 사랑했던 아내와 이혼하게 된 것도 기독교도인 아내가 그의 무신론을 끝내 받아들이지 못한 때문이랍니다.

호킹의 70회 생일을 맞아 BBC 방송에서 시청자들의 질문을 받아 호킹에게 전달했는데, 그 답변에서 "우주의 기원은 물리학의 법칙으로 설명이 가능하며, 신의 간섭이나 기적이 필요치 않다"며 무신론에 대한 소신을 재확인했죠. "시간을 아무리 거슬러올라가도 빅뱅 이전으로는 갈 수 없다. 빅뱅 이전에는 시간 자체가 없었기 때문이다. 이렇게 해서 우리는 마침내 원인이 없는 무엇인가를 발견했다. 원인이 존재할 수 있는 시간 자체가 없었기 때문이다"고 말한 호킹은 "신이 우주를 만들 시간도 존재하지 않았다"고 단언합니다.

그러나 17세기 독일 철학자 라이프니츠가 제시한 신의 개념은 호킹과는 좀 다릅니다. "존재하는 모든 것들은 외적 원인을 갖거나 영원하거나 둘 중 하나다. 영원하다는 것은 외적 원인과 관계없이 그 상태대로 계속 그렇게 존재할 수밖에 없기 때문이다. 우주는 존재하지만 영원하지는 않으므로 외적 원인이 존재함이 틀림없다. 이 원인이 무한히 거슬러올라가면 영원한 것이 될 수밖에 없으므로 이를 막아주는 최초의 원인이 있을 수밖에 없다. 이를 신이라 부른다."

한편, 신과 종교의 문제에 열린 마음을 가진 천문학자도 있습니다. 미국 천문학자 쳇 레이모는 다음과 같이 말했죠. "근본적으로 도덕과 종교 모두에 온전한 관심을 기울이는 것이 우주를 받아들이는 우리의 자세이다."

이상에서 살펴보았듯이 신과 종교를 믿고 안 믿고는 전적으로 개인의 선택 문제임을 알 수 있습니다. 한 천문학자는 이 문제에 대해 다음과 같은 결론을 내렸습니다.

> "우주는 참으로 아름다우며 복잡하고 환상적이다. 나는 지금까지 이 우주를 존재케 한 어떤 전지전능한 신적 존재를 나타내주는 증거라고는 본 적이 없다. 하지만 신이 존재하지 않는다는 증거 역시 본 적이 없다."

아인슈타인, 신의 문제에 27단어로 답하다

1905년, 아인슈타인은 스위스 특허청 하급 공무원으로 근무하면서 세 편의 중요한 논문을 잇달아 발표한다. 광양자설, 브라운 운동 이론 그리고 특수 상대성 이론인 〈운동하는 물체들의 전기역학에 관하여〉다. 세 논문 모두 물리학 사상 중요한 논문으로, 이런 연유로 1905년을 '기적의 해'로 부른다. 2005년을 유엔이 '물리의 해'로 정한 것도 그 100주년을 맞아 아인슈타인을 기리기 위함이었다.

어쨌든 그로부터 16년 후 아인슈타인은 노벨 물리학상을 타는데, 상대성 이론이 아니라 광양자설 이론으로 받았다. 그는 첫 부인 밀레바와 몇 년 전 이혼하면서, 노벨상을 타면 위자료로 주겠노라고 외상을 달아놓았는데, 이때 받은 상금은 그 외상값 갚는 데 썼다고 한다.

특수 상대성 원리를 발표한 지 10년 만인 1915년, 아인슈타인은 중력 이론인 일반 상대성 이론을 발표한다. 특수 상대성 이론이 광속도 불변의 법칙에 근거해서 시간과 공간 사이의 관계를 기술하는 이론이라면, 일반 상대성 이론은 '중력과 가속도는 같다'는 등가 원리에서 출발한 중력에 관한 이론이다. 이로써 뉴턴의 중력 이론은 크게 수정되었고, 우주론은 상상과 신화의 영역을 벗어나 과학적으로 다루어지기 시작했다.

이처럼 상대성 이론을 발견해 세계를 보는 인류의 시각을 극적으로 바꿔놓은 20세기 최고의 인류 지성이 과연 신이란 존재에 대해 어떻게 생각할까 하는 것은 사람들의 커다란 관심사였다. 과연 아인슈타인은 신을 믿을까? 만약 신을 믿는다면 그 신은 어떤 신일까?

■ 바이올린 켜는 아인슈타인. 그는 모차르트의 광팬이었다. "모차르트의 음악은 너무나 순수하고 아름다워서 우주 자체의 내적 아름다움을 반영한 것같이 보인다"고 말했다. (출처/EO Hoppe)

이런 궁금증을 참지 못하고 마침내 아인슈타인에게 돌직구를 날린 사람이 나타났다. 질문은 전보문으로 날아들었다. 1929년 미국 뉴욕의 유대교 랍비인 골드슈타인이 아인슈타인에게 보낸 전보문은 다음과 같다. "당신은 신을 믿습니까? 50단어로 답해주십시오. 회신료는 선불되었습니다."

이 질문에 대해 아인슈타인이 독일어 27단어로 된 답장을 보냈다. "나는 존재하는 모든 것의 법칙적 조화로 스스로를 드러내는 스피노자의 신은 믿지만, 인류의 운명과 행동에 관여하는 신은 믿지 않습니다."

아인슈타인은 위의 전보문 내용을 어느 편지에서 보다 자세하게 설명했다. "두 종류의 신이 있다. 우리는 굉장히 과학적이어야 하고, 정확한 정의를 내려야 한다. 만약 신이 우리와 함께 하는 인격적 신이라면, 바닷물을 가르고 기적을 보이는 신이라면, 나는 그러한 신은 믿지 않는다. 크리스마스에 자전거를 사달라는 기도를 들어주시는 신, 이런저런 소원을 들어주시는 신이라면 나는 믿지 않는다. 그러나 나는 질서와 조화, 아름다움과 단순함 그리고 고상함의 신을 믿는다. 나는 스피노자의 신을 믿는다. 왜냐하면 이 우주는 너무나 아름답기 때문이다. 굳이 그럴 이유가 없는데도 말이다. 스피노자는 '우주는 신이다'라고 말했다."

그렇다면 스피노자란 어떤 사람인가? 아인슈타인과 같이 유대인인 바뤼흐 스피노자는 17세기 네덜란드 철학자로 범신론자이다. 범신론이란 '자연의 밖에 존재하는 인격적인 초월자를 인정하지 않고, 우주, 자연에 존재하는 모든 것은 신이며, 신은 초월적인 존재가 아니고 존재 그 자체다'라는 관점이다. 세계 내의 '모든 것이 하나'라고 믿는 스피노자의 철학에 따르면, 우리는 대상으로서의 초월적 신이 아니라 바로 '신' 안에 살고 있는 셈이다.

아인슈타인은 또 어느 편지글에서 "내게 신이라는 단어는 인간의 약점을 드러내는 표현과 산물에 불과하다"고 말하고, 〈성서〉에 대해서는 "훌륭하지만 상당히 유치하고 원시적인 전설들의 집대성이며, 아무리 치밀한 해석을 덧붙이더라도 이 점은 변하지 않는다"라고 단언했다. 나아가 "유대교는 다른 종교와 마찬가지로 가장 유치한 미신들이 현실화된 것에 불과하며, 유대인은 결코 선택된 민

족이 아니다"라고 주장했다.

이를 두고 일부에서는 아인슈타인이 확고한 무신론자라고 주장하기도 하지만, 그것은 신을 어떻게 정의하는가에 따라 달라질 수 있는 문제다. 어쨌든 아인슈타인에게 종교가 없었다고 말할 수는 없다. 그가 믿는다고 말한 신은 스피노자의 신이며, 스피노자의 신은 '우주'다. 따라서 삼단논법로 보자면 아인슈타인의 신은 '우주'라 할 수 있다. 그는 우주와 신의 본질에 대해 다음과 같은 말을 하기도 했다. "우주가 이해 가능하고 법칙을 따른다는 사실은 경탄할 만한 가치가 있는 것이다. 그것은 존재하는 모든 것의 조화를 통해 스스로를 드러내는 신의 본질적인 특성이다."

이 같은 우주가 아인슈타인에게는 그의 말마따나 '신'이었다. 아인슈타인은 어떤 종교인이 자신의 신앙 대상에 대해 갖는 경외감보다 더 깊은 경외감을 우주에 대해 갖고 있었다. 그런 의미에서 아인슈타인은 무신론자가 아니었다. 그의 신은 우주였고, 종교는 '우주교'였다. 아인슈타인은 그 신을 알기 위한 도정에 자신의 평생을 오롯이 바쳤다. 죽기 직전까지 그는 종이 위에서 우주의 본질을 꿰뚫는 대통일장 이론 방정식을 이리저리 매만졌다. 끝내 이루어지지 않은 그의 열망은 다음 말에 그대로 나타나 있다.

"나는 신의 생각을 알고 싶다. 나머지는 세부적인 것에 불과하다."

7

별은 무엇으로 이루어져 있나요?

천문학 역사상 가장 위대한 발견은 우주 안의 모든 별들이 지구에 있는 원소들과 동일한 종류로 이루어져 있음을 알아낸 것이다.

◆ 리처드 파인만 | 미국 물리학자

먼저 별이란 무엇인가부터 알아보기로 하죠. 지구를 일컬어 초록별이라 하고, 금성을 샛별이라고 표현하기도 하지만, 우리가 보통 별이라 할 때는 붙박이별, 곧 항성을 가리키는 것입니다.

중력으로 뭉쳐진 거대한 수소 공이 그 중심부에서 높은 온도와 압력으로 수소 핵융합을 함으로써 핵에너지를 생산하여 뜨거운 열과 밝은 빛을 내는 항성을 일컬어 스스로 타는 별, 이른바 '스타'라고 풀이하기도 하더군요. 우리에게 가장 가까운 스타는 바로 태양이죠. 〈월든〉을 쓴 미국의 자연주의 작가 헨리 소로(1817~62)는 '태양은 아침에 뜨는 별이다'라고 표현했죠.

태양을 별의 대표선수라 보고 그 구성 성분을 분석해보면 태양 질량 약 4분의 3은 수소, 나머지 4분의 1은 대부분 헬륨이랍니다. 그리고 총질량 2% 미만이 산소, 탄소, 네온, 철 같은 무거운 원소들로 이루어져 있죠. 참고로, 우주의 모든 물질 중 수소와 헬륨이 차지하는 비중은 99%로, 나머지 원소들은 1% 미만이랍니다. 이런 점에서 볼 때 지구는 참으로 예외적인 존재라 할 수 있죠.

밤하늘의 별들을 보면 영원히 그렇게 존재할 것처럼 보이지만, 사실 별들도 인간과 같이 태어나고 살다가 늙으면 죽음을 맞는답니다. 별들이 태어나는 곳은 성운이라고 불리는 원자구름 속이죠.

138억 년 전 빅뱅(대폭발)으로 탄생한 우주는 강력한 복사와 고온 고밀도의 물질로 가득 찼고, 우주 온도가 점차 내려감에 따라 가장 단순한 원소인 수소와 헬륨이 먼저 만들어져 우주 공간을 채웠죠.

우주 탄생으로부터 약 2억 년이 지나자 원시 수소가스는 인력의 작용으로 군데군데 덩어리지고 뭉쳐져 수소구름을 만들어갔어요. 이것이 우주에서 천체라 불릴 수 있는 최초의 물체로서, 별의 재료라 할 수 있죠. 이윽고 대우주는 엷은 수소구름들이 수십, 수백 광년 지름의 거대 원자구름으로 채워지고, 이것들이 곳곳에서 중력으로 서서히 회전하기 시작하면서 거대한 회전원반으로 변해갔죠.

수축이 진행될수록 각운동량 보존법칙[1]에 따라 회전 원반체는 점차 회전속도가 빨라지고 납작한 모습으로 변해가며, 밀도도 높아집니다. 피겨 선수가 회전할 때 팔을 오므리면 더 빨리 회전하게 되는 원리와 같죠. 이렇게 한 3천만 년쯤 뺑뺑이를 돌다보니 이윽고 수소구름 덩어리의 중앙에는 거대한 수소 공이 자리 잡게 되고, 주변부의 수소원자들은 중력의 힘에 의해 중심부로 낙하하는데, 이를 중력수축이라 하죠.

그 다음엔 어떤 일이 벌어질까요? 수축이 진행됨에 따라 밀도가 높아진 분자구름 속에서 기체분자들이 격렬하게 충돌하

1— 계의 외부로부터 힘이 작용하지 않는다면 계 내부의 전체 각운동량이 항상 일정한 값으로 보존된다는 법칙이다.

■ 별들이 태어나고 있는 오리온 대성운. 나비처럼 보이지만 너비가 24광년이다. 이에 비해 해왕성까지의 태양계 너비는 약 10광시이다. (출처/NASA)

여 내부온도는 무섭게 올라갑니다. 가스 공 내부에 고온 고밀도의 상황이 만들어지는 거죠. 이윽고 온도가 1천만K에 이르면 가스 공 중심에 반짝 불이 켜지게 되죠. 수소원자 4개가 만나서 헬륨핵 하나를 만드는 과정에서 발생하는 결손질량이 아인슈타인의 그 유명한 공식 $E=mc^2$에 따라 핵에너지를 품어내는 핵융합 반응이 시작되는 겁니다. 중력수축은 이 시점에서 멈추고, 가스 공의 외곽층 질량과 중심부 고온 고압이 힘의 평형을 이루어 별 전체가 안정된 상태에 놓이면서 주계열성 단

계[2]에 들어서죠. 이런 상태의 별을 원시별protostar이라 하죠.

그렇다고 금방 빛을 발하는 별이 되는 것은 아니랍니다. 핵융합으로 생기는 복사 에너지가 광자로 바뀌어 주위 물질에 흡수, 방출되는 과정을 거듭하면서 줄기차게 표면으로 올라오는데, 태양 같은 항성의 경우 중심핵에서 출발한 광자가 표면층까지 도달하는 데 얼추 100만 년 정도 걸리죠. 표면층에 도달한 최초의 광자가 드넓은 우주 공간으로 날아갈 때 비로소 별은 반짝이게 되는데, 이것이 바로 '스타 탄생'이죠. 태양을 비롯해서 모든 별은 이런 과정을 거쳐 태어난답니다.

지금 이 순간에도 우리은하 곳곳의 성운에서는 별들이 태어나고 있답니다. 지구에서 가장 가까운 별 생성 영역은 오리온자리에 있는 오리온 대성운이죠. 약 1,600광년 거리에 있는 오리온 대성운의 거대한 분자구름 가장자리에 수소와 먼지로 이루어진 빛나는 요람 안에는 지금도 아기별들이 태어나고 있거나 태어나려 하고 있는 중이랍니다. 말하자면 수소구름은 별들의 자궁인 셈이죠.

---

2 — 별의 중심부에서 수소 핵융합 반응이 일어나는 전체적인 진화 단계. 별의 일생 중 90% 이상을 차지한다.

별은 왜 모두 공처럼 둥글까?

별만 둥근 것이 아니라 지구나 달도 다 둥글다. 여기서 '천체는 다 둥글다'란 대체적인 결론을 내릴 수 있다. 그런데 왜 개성 없이 똑같이 둥글기만 할까? 정답은 중력의 작용 때문이다.

지구가 공처럼 둥글다는 사실을 인류가 맨 처음 직접 눈으로 확인한 것은 1972년 12월 7일이었다. 달로 향하던 아폴로 17호의 승조원들이 되돌아본 지구의 모습은 푸른 구슬 하나가 우주에 둥실 떠 있는 광경이었다. 선장 유진 서넌은 이 광경을 렌즈에 담았고, 푸른 구슬이라는 뜻의 '블루 마블The Blue Marble'이라는 이름으로 가장 유명한 천체사진으로 등극했다.

이처럼 지구가 공같이 둥근 것은 중력의 세기가 거리와 밀접한 관계가 있기 때문이다. 물질은 중력으로 뭉쳐지게 되는데, 중력은 중심에서 작용하는 힘으로, 중력의 방향은 항상 물체의 중심으로 향한다. 중심에서 주위의 어느 쪽으로도 치우쳐지지 않는 균형된 중력의 세기를 유지하는 형태, 그것이 바로 구인 것이다. 자연은 이유 없이 어떤 것을 특별히 봐주지 않는다. 이처럼 방향에 구애받지 않는 성질을 구대칭이라 한다.

좀더 구체적으로 설명하면, 중력은 물체를 위치 에너지가 높은

■ '블루 마블'. 1972년 12월 7일, 달로 향하던 아폴로 17호의 승조원들이 되돌아본 지구의 모습. 천체가 둥근 것은 중력의 작용 때문이다. (출처/NASA)

곳에서 낮은 곳으로 움직이게 만들므로 물질들은 위치 에너지가 낮은 곳에서부터 쌓이기 시작한다. 따라서 높낮이가 심한 표면의 울퉁불퉁함이 점차 매끈하게 변형된다. 덩치가 큰 행성의 중력은 중심을 향해 구형 대칭으로 작용하기 때문에 물질이 구형으로 쌓이게 되면서 공 같은 구형을 이루게 된다.

이는 지구뿐 아니라 별이나 큰 행성, 위성들도 마찬가지다. 천체의 지름이 대략 700km가 넘으면 중력의 힘이 압도적이 되어 제 몸을 둥글게 주물러 구형으로 만드는 것이다. 이에 비해 작은 소행성들이 감자처럼 울퉁불퉁하게 생긴 것은 덩치가 작아 제 몸을 둥글게 주무를 만한 중력이 없기 때문이다.

그런데 사실 지구는 완전한 구체는 아니다. 극 지름보다 적도 지름이 43km 더 긴 배불뚝이다. 하지만 그 비율은 0.3%에 지나지 않으므로 거의 완벽한 구형이라 할 만하다. 가스 행성인 목성이나 토성은 더 심한 배불뚝이인데, 그것은 자전 속도와 깊은 관계가 있다. 축을 중심으로 빠르게 자전하는 천체는 적도 방향으로 원심력이 작용하므로 적도 부분이 부풀게 되는 것이다.

별의 경우에는 가스체이므로 구형이 아닌 것은 존재할 수가 없다. 항성이 되기 위한 최저 질량의 한계가 태양 질량의 8.3% 또는 목성 질량의 87배가 되어야 한다는 사실이 알려져 있다. 우주에서 발견된 가장 작은 별은 EBLM J0555-57Ab라는 항성으로, 그 크기는 목성(지름 14만km)보다 작고 토성(지름 12만km)보다 약간 큰 정도다. 만약 이보다 더 작으면 수소 핵융합이 불가능한 것으로 보인다. 그런 천체를 갈색왜성이라 한다. 가스체인 별은 자전할 때 적도 부분이 더 큰 원심력을 받으므로 적도 지름이 좀더 큰 배불뚝이 구형을 띤다.

참고로, 밤하늘의 별이 둥글게 보이지 않고 별표(★)처럼 보이는 것은 지구 대기의 움직임이 별빛을 산란시키기 때문이다. 강바닥에 있는 돌을 물 밖에서 볼 때 일렁여 보이는 것과 같은 이치다. 그래서 천문대를 대기 일렁임이 적은 높은 산 위에다 세우는 것이다.

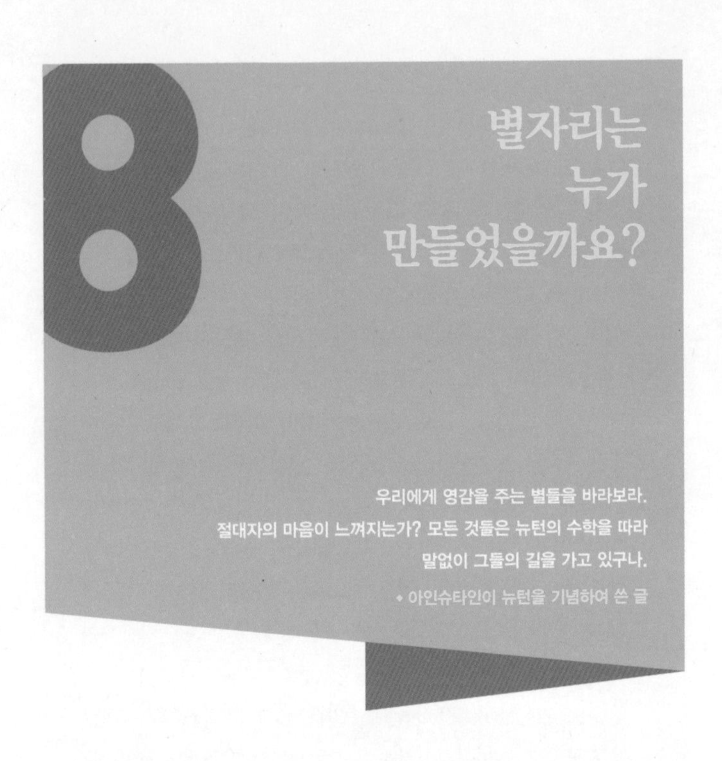

옛날 사람들 중 틀림없이 밤잠을 잘 안 잤던 사람들이 별자리를 만들었을 거라는 추론이 가능하죠. 그렇죠. 별자리의 원조는 옛날 중근동 아시아에서 키우는 짐승들을 지키기 위해 밤에 잠 안 자고 보초 서던 목동들이랍니다. 5천 년 전쯤 저 근동의 티그리스 강과 유프라테스 강 유역에서 양떼를 기르던 유목민 칼데아인[1]이 바로 그 주인공이죠.

그 까마득한 옛날, 양떼를 지키기 위해 드넓은 벌판 한가운데서 밤샘하던 사람들이 무슨 할 일이 있었겠어요. 캄캄한 밤중에 마을 처녀 생각하는 것도 하루 이틀이지, 만고에 할 일 없어 심심하던 차에 눈에 들어오는 거라곤 밤하늘의 별들뿐이었던 게죠. 게다가 요즘처럼 빛공해도 매연도 없는 칠흑 하늘이라 총총한 별들이 손에 잡힐 듯했을 거고, 그래서 더욱 감동 먹었을 겁니다. 그렇게 별밭에서 노닐다 보니 특별히 밝게 반짝이는 별들이 눈에 띄었고, 그 별들을 따라 죽죽 선분으로 잇다 보니 눈에 익은 꼴이 더러 나올 게 아니겠어요. 직업이 직업인지라 그래서 별자리 이름들을 보면 염소니, 황소니, 양이니 하는 짐승 이름들이 대세가 되었죠. 처녀자리만은 예외지만.

기원전 3000년경 만들어진 이 지역의 표석에는 양, 황소, 쌍둥이 등, 태양이 지나는 길목인 황도를 따라 배치된 12개의 별자리, 즉 황도 12궁[2]을 포함한 20여 개의 별자리가 새겨져 있죠. 그들은 또 1년이 365일하고도 1/4일쯤 길다는 것도 알

---

1 — 칼데아는 바빌로니아 남부를 가리키는 고대의 지명이며, 칼데아인은 BC 1000년 무렵 이 지역에서 활약한 셈계(系)의 한 종족으로, 남하하는 아시리아의 세력에 완강하게 저항했다.

2 — 천구에서 태양이 지나는 궤도인 황도를 따라 연주운동을 하는 길에 있는 주요한 별자리 12개를 말한다.

■ **헤벨리우스의 별자리 그림** (출처/wikipedia)

고 있었어요.

고대 천문학에서 보인 이집트인들의 내공도 만만찮았죠. 역시 기원전 3000년경 이미 43개의 별자리가 있었죠. 그후 바빌로니아-이집트의 천문학은 그리스로 전해졌죠. 칼데아 유목민이 짐승을 좋아한 데 비해 그리스인들은 신화를 무척 좋아했던 모양입니다. 그래서 별자리 이름에도 신화 속의 신과 영웅, 동물들의 이름이 붙여졌죠. 세페우스, 카시오페이아, 안드로메다,

큰곰 등의 별자리가 그러한 예죠.

서기 2세기경 고대 천문학을 집대성한 사람이 나타났는데, 바로 프톨레마이오스(100~170)란 학자가 그리스 천문학을 몽땅 수집해 천동설을 기반으로 체계를 세운 〈알마게스트〉를 썼죠. 여기에는 북반구의 별자리를 중심으로 48개의 별자리가 실려 있고, 이 별자리들은 그후 15세기까지 유럽에서 널리 알려졌죠. 15세기 이후에는 원양항해의 발달에 따라 남반구 별들도 많이 관찰되어 새로운 별자리들이 보태졌어요. 공작새·날치자리 등, 남위 50도 이남의 대부분의 별자리가 이때 만들어진 것들이죠.

이런 식으로 별자리들이 순차적으로 여러 사람에 의해 만들어진 바람에 별자리 이름과 경계가 곳에 따라 다르고, 그 수가 100개가 넘기도 했죠. 그래서 1930년 국제천문연맹IAU 총회에서 온 하늘을 88개 별자리로 나누고, 황도를 따라 12개, 북반구 하늘에 28개, 남반구 하늘에 48개의 별자리를 각각 정한 다음, 종래 알려진 별자리의 주요 별이 바뀌지 않는 범위에서 천구상의 적경·적위에 평행한 선으로 경계를 정했어요. 이것이 현재 쓰이고 있는 별자리로, 이중 우리나라에서 볼 수 있는 별자리는 67개입니다.

그런데 이 별자리들은 대체 무엇에 쓰는 물건일까요? 한자로 성좌星座라고 하는 별자리는 한마디로 하늘의 번지수랍니다. 우리가 번지수로 집을 찾듯이 별자리로 하늘의 위치를 찾는 거죠. 그러니까 과학적으로 큰 의미를 갖는 것은 아니랍니다.

이 하늘의 번지수는 88번지까지 있는데, 별자리 수가 남북반구를 통틀어 88개 있다는 뜻이죠. 이 88개 별자리로 하늘은 빈틈없이 경계지어져 있죠. 물론 별자리의 별들은 모두 우리은하에서 비교적 태양에 가까운 별들이죠.

별자리로 묶인 별들은 사실 서로 별 연고도 없는 사이랍니다. 거리도 다 다른 3차원 공간에 있는 별들이지만, 지구에서 보아 2차원 평면에 있는 것으로 간주해 억지춘향식으로 묶어 놓은 데에 지나지 않은 거죠. IAU가 그렇게 한 것은 물론 하늘의 땅따먹기 놀이를 하려는 것은 아니고, 오로지 하늘에서의 위치를 정하기 위한 거죠. 말하자면 지적공사에서 빨간 말뚝들을 하늘에다 박아놓은 꼴이라 할까요. 이런 별자리들은 예로부터 여행자와 항해자의 길잡이였고, 야외생활을 하는 사람들에게는 밤하늘의 거대한 시계였죠. 지금도 이 별자리로 인공위성이나 혜성 등을 추적하죠.

별들은 지구의 자전과 공전에 의해 일주운동과 연주운동을 합니다. 따라서 별자리들은 일주운동으로 한 시간에 약 15도 동에서 서로 이동하며, 연주운동으로 하루에 약 1도씩 서쪽으로 이동하죠. 다음날 같은 시각에 보는 같은 별자리도 어제보다 1도 서쪽으로 이동해 있다는 뜻이죠. 때문에 계절에 따라 보이는 별자리 또한 다르답니다. 우리가 흔히 계절별 별자리라 부르는 것은 그 계절의 저녁 9시경에 잘 보이는 별자리들을 말하죠. 별자리를 이루는 별들에게도 번호가 있어요. 가장 밝은 별로 시작해서 알파(α), 베타(β), 감마(γ) 등으로 붙여나가죠.

예전엔 천체관측에 나서려면 별자리 공부부터 해야 했지만, 요즘에는 별자리 앱을 깐 스마트폰을 밤하늘에 겨누면 별자리와 유명 별 이름까지 가르쳐주니 별자리 공부 부담은 덜게 되었어요.

참고로, 별자리와 함께 알아둬야 할 것으로 성군星群 Asterism 이란 겁니다. 공인된 별자리는 아니지만 별 집단의 별개 이름으로, 예컨대 북두칠성, 봄의 대삼각형, 삼태성, 삼성 등이 있죠. 성군 중 오리온의 허리띠에 있는 세 별을 삼태성三台星으로 알고 있는 이가 많은데, 삼태성은 북두칠성의 국자 옆에 길게 늘어선 세 쌍의 별로, 큰곰자리의 발바닥 부근에 해당합니다. 오리온의 허리띠 세 별은 삼성 또는 삼장군이라 하죠.

그러면 밤하늘에서 맨눈으로 볼 수 있는 별은 몇 개나 될까요? 6등성까지가 맨눈으로 관측 가능하니까, 온 하늘에서 6등성까지의 별의 개수를 세어보면 되죠. 먼저 1등성이 21개, 2등성이 48개, 3등성이 171개, 4등성이 513개, 5등성이 1,602개, 6등성이 4,800개로, 모두 합한 7,100개가 맨눈으로 볼 수 있는 별의 개수가 됩니다. 하지만 우리는 하늘의 반만 볼 수 있으므로, 그 반인 약 3,500개의 별을 볼 수 있다는 계산이 나오죠.

하지만 이것은 이론적인 수치일 뿐, 실제로는 지평선 부근의 별은 잘 안 보이므로, 보이는 별은 대략 2,500개 정도 됩니다. 단, 빛공해가 거의 없는 남미의 아타카마 사막 같은 곳에서의 얘기죠. 요즘처럼 불야성을 이루는 서울 같은 대도시에서는 1, 2등성 몇 개를 볼 수 있는 것이 고작이죠. 어두운 도시 근교나 시골 같은 곳이라면 3등성까지 수백 개 정도 볼 수 있을 겁니다. 우리나라에서 1년 동안 밤하늘에서 볼 수 있는 1등성의 개수는 17개랍니다. 맨눈으로 볼 수 있는 가장 가까운 별은 리길 켄트(센타우루스자리 알파별)로, 거리는 4.4광년이죠.

참고로, 우리나라가 이탈리아와 함께 세계에서도 빛공해가

■ 우주에서 본 한반도의 밤. 남녘은 최악의 빛공해, 북녘은 캄캄한 밤이다. 2015년 9월 국제 우주정거장 승무원 스콧 켈리가 찍었다. 로이터 통신이 '올해의 사진'으로 선정. (출처/NASA)

가장 심한 나라 중의 하나랍니다. 구미 선진국들은 이미 야간 조명을 최소화하고 빛을 하늘로 발산시키지 않는 법적 조치를 취하고 있지만, 우리나라는 이제 겨우 발걸음을 떼고 있는 형편이죠. 그래서 별지기들도 점점 더 깊은 산속으로, 오지로 내몰리고 있는 실정이에요. 반면, 북한은 세계에서도 가장 빛공해가 적은 지역의 하나죠. 개마고원 같은 데라면 아마 최고의 관측지가 될 겁니다. 통일은 별지기에게도 대박이죠!

마지막으로, 만고에 변함없이 보이는 별자리도 사실 오랜 시간이 지나면 그 모습이 바뀐답니다. 별자리를 이루는 별들은 저마다 거리가 다를 뿐만 아니라, 항성의 고유운동으로 1초에도 수십~수백km의 빠른 속도로 제각기 움직이고 있죠. 다만 별들이 너무 멀리 있기 때문에 그 움직임이 눈에 띄지 않을 뿐입니다. 그래서 고대 그리스에서 별자리가 정해진 이후 별자리의 모습은 거의 변하지 않았답니다. 별의 위치는 2천 년 정도의 세월에도 별 변화가 없었다는 것을 말해주는 거죠. 하지만 더 오랜 세월, 한 20만 년 정도가 흐르면 하늘의 모든 별자리들이 완전히 변모한답니다. 북두칠성은 더이상 아무것도 퍼담을 수 없을 정도로 찌그러진 됫박 모양이 될 거고요.

그렇다고 별자리마저 덧없다고 여기지는 맙시다. 기껏해야 100년을 못 사는 인간에겐 그래도 별자리는 만고불변의 하늘 지도이고, 당신을 우주로 안내해줄 길라잡이니까요.

세계 최고 수준이었던 삼국시대 우리 천문학

서양 별자리 못지않게 동양 별자리의 역사도 유구하다. 중국과 인도 등 동양의 고대 별자리는 서양 것과는 족보부터가 다르다. 중국에서는 기원전 5세기경 적도를 12등분하여 12차次 또는 12궁宮이라 하고, 적도 부근에 28개의 별자리를 만들어 28수宿라 했다. 이러한 중국의 별자리들은 그 크기가 서양 것보다 대체로 작다. 서기 3세기경 진탁陳卓이 만든 성도에는 283궁(궁이란 별자리를 뜻한다), 1,464개의 별이 실려 있었다고 한다.

한국의 옛 별자리는 중국에서 전래된 것이지만, 삼국시대 우리나라의 천문학 수준은 일식을 예견하는 등 세계 최고의 수준이었다. 당시 천문학 수준을 보여주는 대표적인 유물로는 천상열차분야지도가 있다. 고구려 시대 평양에서 각석한 천문도(평양성도星圖) 비석의 탁본을 바탕으로 돌에 새긴 천문도인 이 하늘지도의 형태는 별자리 그림을 중심으로 주변에 해·달·사방신에 대한 간략한 설명, 주관하는 각도, 각 절기별 해가 뜨고 질 때 남중하는 별자리가 설명되어 있고, 하단부에는 당시의 우주관, 측정된 28수의 각도, 천문도의 내력, 참여한 관리 명단이 기록되어 있다.

별자리 그림은 큰 원 안에 하늘의 적도와 황도를 나타내는 교차

하는 중간 원을 그리고, 그 내부에 계절에 상관없이 항상 보이는 별들을 표시하는 중앙의 작은 원, 그 위에 각 분야별로 1,467개의 별들이 293개의 별자리를 이루어 밝기에 따라 다른 크기로 그려져 있다. 별자리의 수는 서양의 88개와 비교하면 3배가 넘는다.

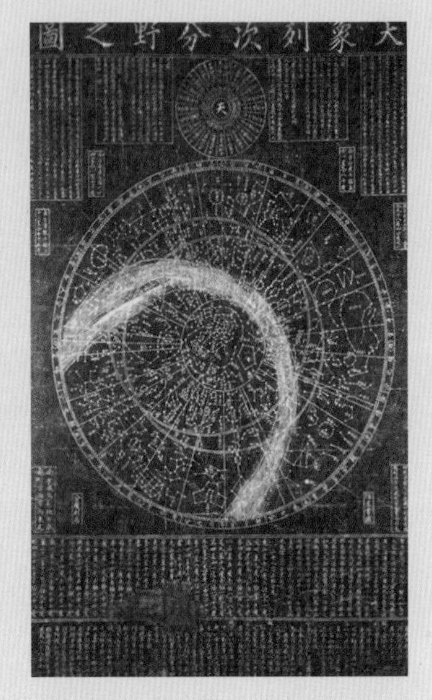

■ 천상열차분야지도

그 위에 은하수가 그 모양대로 그려져 있으며, 큰 원의 가장자리를 따라 365개의 주천도수 눈금, 각 방향을 대표하는 12지, 각 땅을 대표하는 분야分野, 황도 12궁이 표시되어 있다.

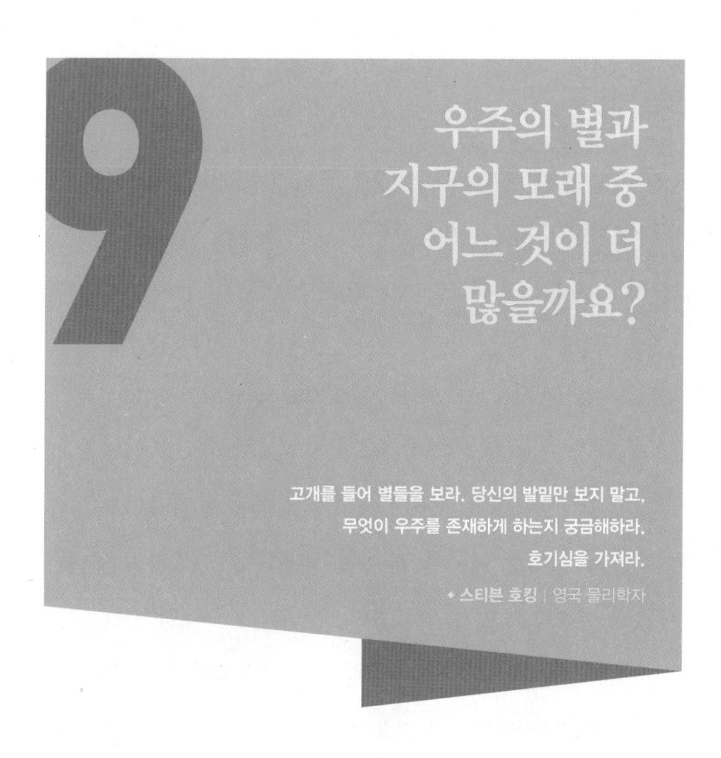

9 우주의 별과 지구의 모래 중 어느 것이 더 많을까요?

고개를 들어 별들을 보라. 당신의 발밑만 보지 말고,
무엇이 우주를 존재하게 하는지 궁금해하라.
호기심을 가져라.

◆ 스티븐 호킹 | 영국 물리학자

우주에 관해 가장 많이 받는 질문 중 하나죠. 특히 초등 어린이들이 이런 질문을 많이 하더군요. 과연 지구의 모래와 우주의 별은 어떤 게 더 많을까요? 놀랍게도 지표에 있는 모든 모래알 수보다 우주의 별이 더 많다는 천문학자의 계산서가 나와 있답니다.

온 우주의 별을 다 계산한 사람들은 호주국립대학의 사이

먼 드라이버 박사와 그 동료들로, 이들은 우주에 있는 별의 총 수는 7×10^{22}제곱(700해) 개라고 발표했답니다. 이 숫자는 7 다음에 0이 22개 붙는 수로서, 7조 곱하기 100억 개에 해당하는 어마무시한 숫자죠. 당시 관측 가능한 우주에 있는 은하의 수는 약 2,000억 개 정도라 하니까, 평균으로 치면 한 은하당 약 3,500억 개의 별을 가지고 있는 셈이죠. 우리은하의 별 수는 약 4,000억 개라니까, 평균에 약간 웃도는 셈이네요.

온 우주의 별 개수인 700해라는 숫자의 크기는 어떻게 해야 실감할 수 있을까요? 어른이 양손으로 모래를 퍼담으면 그 모래알 숫자가 약 800만 개 정도 된답니다. 그렇다면 해변과 사막의 면적과 두께를 조사하면 그 대강의 모래알 수를 얻을 수 있는데, 계산에 의하면 지구상의 모래알 수는 대략 10^{22}(100해)개 정도로 나와 있다고 해요.

따라서 우주에 있는 모든 별들의 수는 지구의 모든 해변과 사막에 있는 모래 알갱이의 수인 10^{22}개보다 7배나 많다는 뜻이죠. 이 우주에 그만한 숫자의 '태양'이 타오르고 있다는 말입니다. 그것들을 1초에 하나씩 센다면, 1년이 약 3,200만 초니까, 자그마치 2천조 년이 더 걸리네요. 정말 기절초풍할 숫자임이 틀림없죠. 그런데 호주팀이 센 이 엄청난 별의 숫자는 물론 별을 하나하나 센 것이 아니라, 강력한 망원경을 사용해 하늘의 한 부분을 표본검사해서 내린 결론이죠.

드라이버 박사는 우주에는 이보다 훨씬 더 많은 별이 있을 수 있지만, 7×10^{22}제곱이라는 숫자는 현대의 망원경으로 볼 수 있는 우주의 지평선 안에 있는 별의 총수라고 합니다. 그는 별의 실제 수는 거의 무한대일 수 있다고 덧붙였죠. 우주는 인간의 상상력을 초월할 정도로 너무나 크기 때문에 우주 저편에서 출발한 빛은 아직 우리에게 도착하지 못했기 때문이죠. 게다가 우주는 이 순간에도 빛의 속도로 팽창하고 있으니까, 우주 지평선 너머의 빛이 우리에게 도달하는 일은 결코 없을 겁니다.

끝으로, 최근 발표된 연구에 의하면 관측 가능한 우주에 있는 은하의 수는 기존 2천억 개에서 크게 증가한 2조 개로 추산된다고 합니다. 그러니 어차피 우주의 모든 별의 수는 지구상의 모래알보다 훨씬 많다는 것은 확실한 듯하네요.

10 우리는 어디에서 와서 어디로 가는가요?

하늘은 나의 아버지이고 땅은 나의 어머니이니,
심지어 작은 미물에 불과한 나도 그 사이에 연결되어 있음을 안다.
그러므로 우주 전체로 확장해보면 내 몸이 우주이며 우주가 나의 본질이다.
이 세상 모든 사람이 나의 형제자매이며 만물이 나의 동료다.

◆ 장횡거 | 중국 북송시대의 유교 철학자

모든 별은 수소구름 속을 분만실 삼아 태어나지만, 사람과 마찬가지로 별들의 일생이 다 같지는 않답니다. 항성 진화의 역사를 밟아가는 별들에게 있어 수소를 융합하여 헬륨을 만드는 단계가 별의 일생에서 최초이자 최장의 기간을 차지하죠. 항성의 생애 중 99%를 점하는 이 긴 기간을 주계열성 단계라 하는데, 그동안 별의 겉모습은 거의 변하지 않는답니다. 태양이

50억 년 동안 변함없이 빛나는 것도 그러한 이유에서죠.

작고 차가운 적색왜성들은 수소를 천천히 태우면서 주계열 선상에 길게는 수조 년까지 머무르지만, 반면 무거운 초거성들은 수백만 년밖에 머물지 못합니다. 태양처럼 중간 질량의 항성은 100억 년 정도 머무르죠.

한 항성이 자신의 중심핵에 있던 수소를 다 소진하면 주계열을 떠나기 시작합니다. 태양보다 50배 정도 무거운 별은 핵연료를 300만~400만 년 만에 다 소모해버리지만, 작은 별은 수백억, 심지어 수천억 년 이상 살기도 하죠. 그러니 덩치 크다고 자랑할 일만은 아닌 것 같네요.

별의 연료로 쓰이는 중심부의 수소가 다 바닥나면 어떻게 될까요? 별의 중심핵 맨 안쪽에는 핵폐기물인 헬륨이 남고, 중심핵의 겉껍질에서는 수소가 계속 타게 되죠. 이 수소 연소층은 서서히 바깥으로 번져나가고 헬륨 중심핵은 점점 더 커집니다. 헬륨핵이 커져 별 자체의 무게를 지탱하던 기체 압력보다 중력이 더 커지면 헬륨 핵이 수축하기 시작하고, 이 중력 에너지로부터 열이 나와 바깥 수소 연소층으로 보내지면 수소는 더욱 급격히 타게 되죠.

이때 별은 비로소 나이가 든 첫 징후를 보이기 시작하는데,

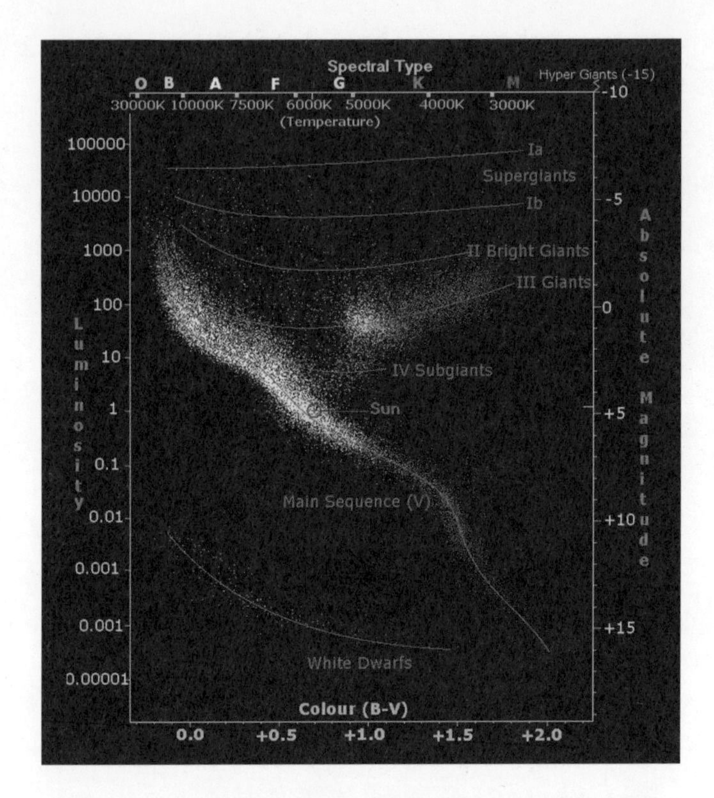

■ **헤르츠스프룽·러셀 도표. 별들의 라이프 스토리를 들려준다. 태양은 주계열 선상인 중앙에 있다. 여기서 생애의 99%를 보낸다.** (출처/wikimedia)

별의 외곽부가 크게 부풀어오르면서 벌겋게 변하기 시작하여 원래 별의 100배 이상 팽창하죠. 이것이 바로 적색거성입니다. 60억 년 후 태양이 이 단계에 이를 겁니다. 그때 태양은 지구

온도를 2,000℃까지 끌어올리고, 수성과 금성, 지구 궤도에까지 팽창해 수성과 금성은 집어삼키고 지구는 더 바깥으로 밀어내버릴 겁니다.

별은 수소가 다 탕진될 때까지 적색거성으로 살아가다가, 이윽고 수소가 다 타버리고 나면 스스로의 중력에 의해 안으로 무너져내립니다. 적색거성의 붕괴죠. 붕괴하는 별의 중심부에는 헬륨 중심핵이 존재합니다. 중력수축이 진행될수록 내부의 온도와 밀도가 계속 올라가고 헬륨 원자들 사이의 간격이 좁아집니다. 마침내 1억℃가 되면 헬륨 핵자들이 밀착하여 충돌하고 핵력이 발동하게 되죠. 수소가 타고 남은 재에 불과했던 헬륨에 다시 불이 붙는 셈이죠. 헬륨 원자핵 셋이 융합, 탄소 원자핵이 되는 과정에 핵에너지를 뿜어내는 핵융합이 일어나는 거죠. 이렇게 항성의 내부에 다시 불이 켜지면 진행되던 붕괴는 중단되고 항성은 헬륨을 태워 그 마지막 삶을 시작합니다.

태양 크기의 항성이 헬륨을 태우는 단계는 약 1억 년 동안 계속됩니다. 헬륨 저장량이 바닥나고 항성 내부는 탄소로 가득 차게 되죠. 모든 항성이 여기까지는 비슷한 삶의 여정을 밟습니다. 하지만 그 다음의 진화 경로와 마지막 모습은 다 같지 않답니다. 그것을 결정하는 것은 오로지 한 가지, 그 별이 타고난

질량입니다. 태양 질량의 8배 이하인 작은 별들은 조용한 임종을 맞지만, 그보다 더 무거운 별들에게는 매우 다른 운명이 기다리고 있죠.

작은 별은 두 번째의 수축으로 비롯된 온도 상승이 일어나지만, 탄소 원자핵의 융합에 필요한 3억℃의 온도에는 미치지 못하죠. 하지만 두 번째의 중력수축에 힘입어 얻은 고온으로 마지막 단계의 핵융합을 일으켜 별의 바깥 껍질을 우주 공간으로 날려버려죠. 이때 태양의 경우, 자기 질량의 거반을 잃어버린답니다. 태양이 뱉어버린 이 허물들은 태양계의 먼 변두리, 해왕성 바깥까지 뿜어져나가 찬란한 쌍가락지를 만들어놓을 겁니다. 이것이 바로 행성상 성운으로, 생의 마지막 단계에 들어선 별의 모습이죠.

이 별의 중심부는 탄소를 핵융합시킬 만큼 뜨겁지는 않지만 표면의 온도는 아주 높기 때문에 희게 빛납니다. 곧, 행성상 성운 한가운데 자리하는 백색왜성이 되는 거죠. 이 백색왜성도 수십억 년 동안 계속 우주 공간으로 열을 방출하면 끝내는 온기를 다 잃고 까맣게 탄 시체처럼 시들어버리죠. 그리고 마지막에는 빛도 꺼지고 하나의 흑색왜성이 되어 우주 속으로 영원히 그 모습을 감추어버리죠.

태양의 경우 크기가 지구만 한 백색왜성을 남기는데, 애초 항성 크기의 100만분의 1의 공간 안에 물질이 압축됩니다. 이 초밀도의 천체는 찻술 하나의 물질이 1톤이나 되죠. 인간이 이 별 위에 착륙한다면 5만 톤의 중력으로 즉각 분쇄되고 말 겁니다.

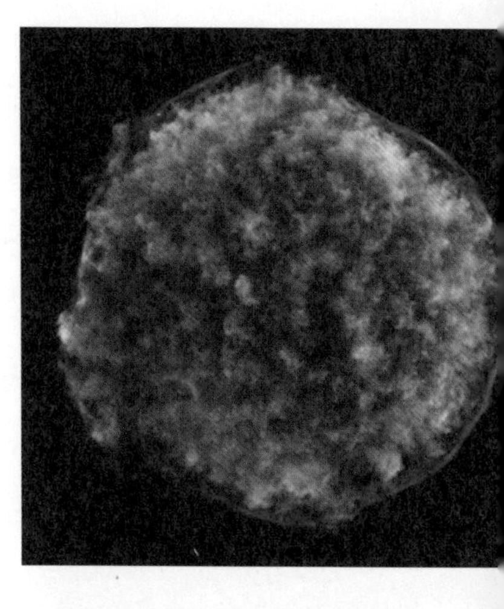

■ **튀코의 별로 불리는 초신성 잔해. 덴마크의 천문학자 튀코 브라헤가 1572년 카시오페이아 자리에서에 발견했다.** (출처/NASA/CXC/SAO)

태양보다 8배 이상 무거운 별들의 죽음은 장렬합니다. 이러한 별들은 속에서 핵융합이 단계별로 진행되다가 이윽고 규소가 연소해서 철이 될 때 중력붕괴가 일어나죠. 이 최후의 붕괴는 참상을 빚어냅니다. 초고밀도의 핵이 중력붕괴로 급격히 수축했다가 다시 강력히 반발하면서 장렬한 폭발로 그 일생을 마감하는 거죠. 이것이 이른바 바로 슈퍼노바Supernova, 곧 초신성 폭발이랍니다.

거대한 별이 한순간의 폭발로 자신을 이루고 있던 온 물질을 우주 공간으로 폭풍처럼 내뿜어버리죠. 수축을 시작해서 대

폭발하기까지의 시간은 겨우 몇 분에 지나지 않아요. 수천만 년 동안 빛나던 대천체의 임종으로서는 지극히 짧은 셈이죠.

이때 태양 밝기의 수십억 배나 되는 광휘로 우주 공간을 밝힙니다. 빛의 강도는 수천억 개의 별을 가진 온 은하가 내놓는 빛보다 더 밝죠. 우리은하 부근이라면 대낮에도 맨눈으로 볼 수 있을 정도로, 초신성 폭발은 우주의 최대 드라마죠. 그러나 사실은 신성이 아니라 늙은 별의 임종인 셈이죠. 만약 이런 초신성이 태양계에서 몇 광년 떨어지지 않는 곳에서 폭발한다면 지구상의 모든 생명체는 사라지고 말겠죠. 이처럼 큰 별들은 생을 다하면 폭발하여 우주 공간으로 흩어지고, 그 잔해들을 재료 삼아 또 다른 은하로 회생하는 윤회를 거듭하는 거죠.

어쨌든 장대하고 찬란한 별의 여정은 대개 이쯤에서 끝나지만, 그 뒷담화가 어쩌면 우리에게 더욱 중요할지도 모른답니다. 삼라만상을 이루고 있는 92개의 자연원소 중 철보다 가벼운 원소들은 수소와 헬륨 외엔 모두 별 속에서 만들어진 것들이죠. 이처럼 별은 우주의 주방이라 할 수 있죠.

그럼 철 이외의 중원소重元素들은 어떻게 만들어졌을까요? 바로 초신성 폭발 때 엄청난 고온과 고압으로 순식간에 만들어진 거랍니다. 이것이 바로 초신성의 연금술이죠. 대폭발의 순간 몇 조℃에 이르는 고온 상태가 만들어지고, 이 온도에서 붕괴되는 원자핵이 생기고 해방된 중성자들은 다른 원자핵에 잡혀 은, 금, 우라늄 같은 더 무거운 원소들을 만들게 되죠. 이 같은 방법으로 주기율표에서 철 이외의 중원소들은 항성의 마지막 순간에 제조된 거랍니다.

이리하여 항성은 일생 동안 제조했던 모든 원소들을 대폭발과 함께 우주 공간으로 날려보내고 오직 작고 희미한 백열의 핵심만 남기죠. 이것이 바로 지름 20km 정도의 초고밀도 중성자별로, 각설탕 하나 크기의 양이 1억 톤이나 된답니다.

한편, 중심핵이 태양의 4배보다 무거우면 중력수축이 멈추어지지 않아 별의 물질이 한 점으로 떨어져 들어가면서 마침내 빛도 빠져나올 수 없는 블랙홀이 생겨납니다. 블랙홀은 '중력장이 극단적으로 강한 별'로 주위의 어떤 물체든지 흡수해버리는 천체를 가리키죠. 일단 블랙홀의 경계면, 곧 사건 지평선 안쪽으로 삼켜진 물질은 결코 바깥으로 탈출할 수가 없어요. 심지어 초속 30만km인 빛조차도 블랙홀을 벗어날 수 없죠.

초신성 폭발 때 순간적으로 만들어지는 만큼 중원소들은 많이 만들어지진 않죠. 바로 이것이 금이 철보다 비싼 이유죠.

여러분의 손가락에 끼워져 있는 금반지의 금은 두말할 것도 없이 초신성 폭발에서 나온 것으로, 지구가 만들어질 때 섞여들어 금맥을 이루고, 그것을 광부가 캐어내 가공한 후 금은방을 거쳐 여러분의 손가락을 장식하게 되었죠. 이것은 상상이 아니라 실화입니다.

이처럼 적색거성이나 초거성들이 최후를 장식하면서 우주공간으로 뿜어낸 별의 잔해들은 성간물질이 되어 떠돌다가 다시 같은 경로를 밟아 별로 환생하기를 거듭합니다. 말하자면 별의 윤회죠.

그런데 이보다 더 중요한 것은, 인간의 몸을 구성하는 모든 원소들, 곧 피 속의 철, 이빨 속의 칼슘, DNA의 질소, 갑상선의 요오드 등 원자 알갱이 하나하나는 모두 별 속에서 만들어졌다는 사실입니다. 수십억 년 전 초신성 폭발로 우주를 떠돌던 별의 물질들이 뭉쳐져 지구를 만들고, 이것을 재료 삼아 모든 생명체와 인간을 만든 거죠. 이건 무슨 비유가 아니라 과학이고 사실 그 자체입니다. 그러므로 우리는 알고 보면 어버이 별에게서 몸을 받아 태어난 별의 자녀들인 거죠. 말하자면 우리는 별먼지로 만들어진 '메이드 인 스타made in stars'인 셈이죠.

이게 바로 별과 인간의 관계, 우주와 나의 관계랍니다. 이처럼 우리는 별의 부산물이죠. 그래서 우리은하의 크기를 최초로 잰 미국의 천문학자 할로 섀플리는 이렇게 말했죠. "우리는 뒹구는 돌들의 형제요, 떠도는 구름의 사촌이다We are the brothers of the rolling stones and the cousins of the floating clouds." 바로 우리 선조들이 말한 물아일체物我一體라 할 수 있겠죠.

인간의 몸을 구성하는 원자의 3분의 2가 빅뱅 우주 공간에 나타났던 그 수소이며, 나머지는 별 속에서 만들어져 초신성이 폭발하면서 우주에 뿌려진 것들이죠. 이것이 수십억 년 우주를 떠돌다 지구에 흘러들었고, 마침내 나와 새의 몸속으로 흡수되었어요. 그리고 그 새의 지저귀는 소리를 별이 빛나는 밤하늘 아래에서 내가 듣는 거죠. 별의 죽음이 없었다면 당신과 나 그리고 새는 존재하지 못했을 겁니다.

우주 공간을 떠도는 수소원자 하나, 우리 몸속의 산소원자 하나에도 100억 년 우주의 역사가 숨쉬고 있답니다. 따지고 보면, 우리 인간은 138억 년에 이르는 우주적 경로를 거쳐 지금 이 자리에 존재하게 된 셈이죠. 이처럼 우주가 태어난 이래 오랜 여정을 거쳐 당신과 우리 인류는 지금 여기 서 있는 거랍니다. 생각해보면 우주의 오랜 시간과 사랑이 우리를 키워온 것이라 할 수 있겠죠.

이런 마음으로 오늘 밤 바깥에 나가 하늘의 별을 한번 보세요. 저 아득한 높이에서 반짝이는 별들에 그리움과 사랑스러움을 느낄 수 있다면, 당신은 진정 우주적인 사랑을 가슴에 품은 사람이라 할 수 있을 겁니다.

마지막으로 '우리는 어디에서 와서 어디로 가는가?'라는 질문의 답을 작성해봅시다.

"우리는 별에게서 와서 몸을 얻어 살다가, 죽으면 다시 낱낱의 원자로 분해되어 우주로 돌아갑니다. 그 속에는 이미 '나'는 없습니다."

평생 같이 별을 관측하다가 나란히 묻힌 어느 두 별지기의 묘비에 이런 글이 적혀 있다 합니다.

"우리는 별들을 무척이나 사랑한 나머지 이제는 밤을 두려워하지 않게 되었다 We have loved the stars too truly to be fearful of the night.**"**

11 은하들은 어떻게 생겨났나요?

왜 내가 외로움을 느껴야 하는가?
우리의 행성은 은하수 속에 있지 않은가.

• 칼 세이건 | 미국 천문학자

여름이 오면 밤하늘의 장관 은하수가 떠오릅니다. 은하수란 우리의 천구天球에 구름띠 모양으로 길게 뻗어 있는 수많은 천체의 무리를 가리키는 우리은하의 고유명사죠. 밤하늘에 동서로 길게 누워 가는 이 빛의 강, 은하수를 일컬어 서양에서는 '젖의 길', 밀키웨이milky way라 하는데, 그리스 신화에 의하면 헤라 여신의 젖이 뿜어져나와 만들어진 것이라 하죠. 영어에서는 대

■ **유럽남방천문대에서 레이저 광선으로 우리은하 중심을 가리키고 있다.** (출처/ESO)

문자로 시작하는 'Galaxy'로 쓰면 밀키웨이 갤럭시를 가리키며, 소문자galaxy로 쓸 경우에는 일반명사 은하를 뜻합니다.

우리나라에서는 예부터 은하수를 미리내라고 불렀죠. '미리'는 용을 일컫는 우리 고어 '미르'에서 왔다니까, 한자어로 하면 용천龍川쯤 되겠네요. '젖의 길'보다 미리내란 우리 이름이 더 품위 있죠? 태양계가 있는 우리은하를 그래서 미리내 은하라고도 합니다.

인류의 문명과 같이했을 은하수가 무수한 별들의 무리라는 사실을 처음으로 알았던 것은 얼마 되지 않아요. 1610년, 이탈리아의 갈릴레오(1564~1642)가 자작 망원경으로 은하수를 보고는 무수한 별들의 집합체라는 사실을 처음으로 인류에게 고했죠.

은하수가 밤하늘을 가로지르는 이유를 모르는 사람들이 의외로 많더군요. 그것은 우리 지구가 은하 원반면에 딱 붙어 있는데다 우리가 은하수를 보는 시선방향이 우리은하를 횡단하기 때문이죠. 은하 변두리에 있는 태양계는 은하 중심을 보며 공전하므로, 지구에서 볼 때 은하 중심부와 먼 가장자리 별들이 겹쳐져 그처럼 밝은 띠로 보이는 거죠. 당연히 아래 위는 별이 성기게 보이고요.

우리은하를 옆에서 보면 프라이팬 위에 놓인 계란 프라이 같은 꼴이죠. 가운데 노른자 부분을 팽대부라 합니다. 거기에 늙고 오래 된 별들이 공 모양으로 밀집한 중심핵Bulge이 있고, 그 주위를 젊고 푸른 별, 가스, 먼지 등으로 이루어진 나선팔이 원반 형태로 회전하고 있죠. 그 외곽으로는 가스, 먼지, 구상성단 등의 별과 암흑물질로 이루어진 헤일로Halo가 지름 40만 광년의 타원형 모양으로 은하 주위를 감싸고 있죠.

천구상에서 은하면은 북쪽으로 카시오페이아자리까지, 남쪽으로 남십자자리까지에 이릅니다. 은하수가 천구를 거의 똑같이 나누고 있다는 사실은 곧 태양계가 은하면에서 그리 멀리 떨어져 있지 않다는 것을 뜻하죠.

사람들이 도시에 모여 살듯이, 별들이 모여 사는 도시를 은하라 할 수 있어요. 별들은 우주 공간에 멋대로 흩어져 있는 게 아니라, 은하 속에서 태어나서 살다가 죽음을 맞죠. 은하는 우주 구조를 이루는 기본단위로서, 무수한 별들 사이를 떠도는 성간물질, 그리고 아직까지 정체를 모르는 암흑물질 등이 하나의 중력권 속에 묶여 있는 천체를 일컫죠.

은하의 규모는 다양해서 작은 은하는 100만 개 정도의 항성을 포함하는가 하면, 거대 은하의 경우에는 100조 개에 이르는 항성을 품고 있는 것도 있어요. 우리은하의 항성 수는 약 4천억 개 정도로 추정되고 있죠.

그럼 은하는 언제 어떻게 생겨난 것일까요? 빅뱅 이론에 따르면, 빅뱅 이후 약 30만 년 후에 수소와 헬륨이 만들어지기 시작했답니다. 태초의 공간을 가득 채웠던 원시구름들이 서서히 중력으로 뭉쳐지기 시작하면서 우주의 거대구조가 모습을 드러내기에 이르렀죠. 처음에는 균일하게 퍼져 있던 이 가스구름이 중력으로 점차 뭉치면서 서서히 회전하기 시작했어요. 그것은 말 그대로 우주적인 규모였죠. 조그만 태양계를 만든 어버이 원시구름의 지름이 32조km, 약 3광년의 크기였다고 하니, 은하를 이룰 만한 원시구름의 크기란 상상을 뛰어넘는 규모였을 겁니다.

원시구름들이 암흑물질 헤일로로 모여 원시은하들이 만들어지기 시작했는데, 이들은 거의 왜소은하들이었죠. 태초에 존재했던 수많은 왜소은하들 속에서 첫 번째 별, 곧 제1세대 별들이 만들어졌는데, 이를 항성종족 III 항성이라고 합니다. 이때는 아직 별들이 중원소들을 만들기 이전이므로, 이 별들은 중원소 없이 순수하게 수소와 헬륨으로만 이루어져 있었고, 엄청난 질량을 가졌을 것으로 보입니다. 따라서 매우 짧은 기간, 곧 수백만 년 만에 연료들을 소진해버리고 초신성 폭발로 일생을 마치면서 자신이 만들어낸 탄소 등 중원소들을 우주 공간에 흩뿌렸을 겁니다. 여기에서부터 우주는 최초로 생명의 씨앗을 품게 된 거죠.

은하가 만들어지기 시작한 후 약 10억 년 정도가 흐르면 은하의 주요 구성원들이 형성되기 시작합니다. 예를 들면, 구상성

■ 바람개비 은하(M101). 큰곰자리에 있는 나선 은하로, 나선팔에 수많은 붉은색의 발광성운들과 푸른색의 산개성단이 아름답게 수놓고 있다. 지름은 약 17만 광년으로 우리은하의 거의 2배 되는 크기다. (출처/wikimedia)

단을 비롯해, 은하 중심의 아주 무거운 블랙홀, 금속함량이 적은 항성종족 II로 이루어진 팽대부가 나타납니다. 은하 중심의 블랙홀은 비록 은하 전체에 비해 크기는 작지만, 은하의 별 생성률에 영향을 줌으로써 은하가 자라는 과정을 조절하는 중요한 역할을 한다고 여겨지고 있죠. 이러한 은하 진화의 초기단계에서 은하는 아주 많은 별들을 폭발적으로 만들게 됩니다.

시간이 흐르면서 은하에 축적된 물질로부터 보다 젊은 별들로 이루어진 은하 원반이 서서히 형성되기 시작하죠. 그러는 동안에도 은하는 계속 은하 간 매질로부터 새로운 가스를 공급받기도 하고, 또는 다른 은하들과의 상호작용을 통해 가스나 별을 주고받으며 별이 생성되기를 반복하면서, 마침내 별들 주위에서 행성들이 생겨날 수 있는 조건을 만들어가게 되죠. 그리고 이러한 초기 왜소은하들이 충돌과 합체를 거듭하면서 현재 우리가 알고 있는 은하로 진화했죠.

이렇게 최초로 생성된 은하들이 우주에 모습을 나타내기 시작한 것은 빅뱅 후 불과 5억 년에 해당한답니다. 우리은하의 나이도 그에 근접하는 것으로 알려져 있어요. 이는 우리은하 내의 별 중 가장 늙은 별의 나이를 통해 추정할 수 있는데, 현재까지 밝혀진 우리은하 원반 안에서 가장 오래된 별의 나이는 약 132억 년인 것으로 밝혀졌죠. 우리은하는 태초의 우주 공간에 나타난 은하 중 하나인 셈이죠.

은하들은 크기, 구성, 구조 등이 상당히 다르지만, 나선은하의 경우 대략적인 모습은 중심 근처에 많은 별들이 몰려 있어 불룩해 보이는 팽대부, 주위의 나선팔, 은하 둘레를 멀리 구형으로 감싸고 있는 별들과 구상성단, 성간물질 등으로 이루어진 헤일로, 그리고 은하 중심인 은하핵으로 나눌 수 있죠.

최근 연구에 의하면 관측 가능한 우주에 있는 은하의 총수는 약 2조 개 정도 되며, 북두칠성의 됫박 안에만도 약 300개의 은하가 들어 있다고 합니다. 이들 은하들은 우주 공간에 고르게 분포해 있지 않고, 대개 100개 이상의 밝은 은하들로 구성된 은하단이나 규모가 작은 은하군 등의 집단을 구성하죠. 은하 간 거리는 평균 약 100만~200만 광년이고, 은하단 간 공

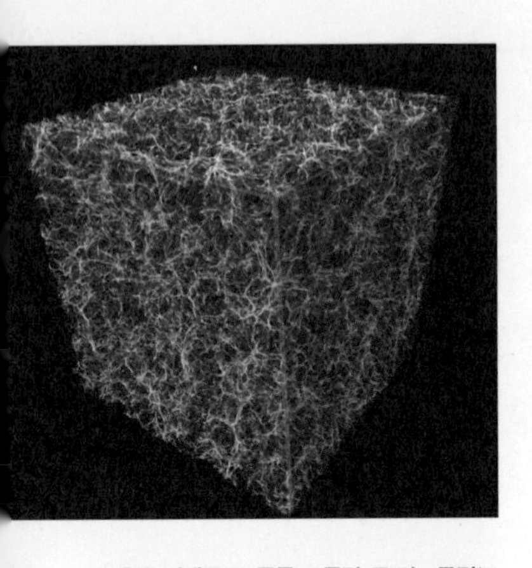

■ **우주 거대구조. 푸른 그물망 구조는 물질**(주로 암흑물질)**을 나타내고, 사이의 빈 공간은 거시공동이다. 은하들은 거품구조의 막 위에 분포하고 있다. 이 우주 각설탕의 한 변은 수십억 광년 정도 된다.** (출처/wikimedia)

간은 이것의 100배 정도 됩니다.

지름이 보통 수만 광년인 은하들은 대개 은하군과 은하단이라고 하는 상위구조를 이루며, 은하단들이 모여 초은하단이라고 불리는 거대구조를 형성하죠. 초은하단은 가느다란 선이나 거품구조를 따라 분포하는데, 이들은 광대한 공간으로 둘러싸여 있다. 빅뱅 이후의 초기 은하들은 무분별하게 퍼져 있다가 점차 암흑물질의 중력 영향을 받아 암흑물질 분포와 비슷하게 뭉쳐져 결국 거품 형태가 된 거죠. 거품 안의 빈 공간은 거시공동巨視空洞void이라고 합니다.

수억 광년 이상의 규모를 보면 은하들이 밀집해 있는 영역과 거의 없는 영역인 거시공동으로 거대한 그물망 구조를 이루고 있는데, 이것을 우주 거대구조라 하죠.

12 은하에도 여러 종류가 있다고요?

안드로메다 은하의 먼 쪽에서 별빛이 출발했을 때,
진정한 최초의 인류라 할 수 있는 호모 하빌리스는 아직 지구에 출현하기 전이었다.
가까운 쪽 별빛이 출발할 때는 지구에 호모 하빌리스가 존재했다.

• **티모시 페리스** | 미국 아마추어 천문가

보통 10억~1,000억 개의 별들을 거느리고 있는 은하는 형태에 따라 크게 타원은하, 나선은하, 불규칙은하 등으로 나뉩니다.

이같이 생긴 모양에 따라 구체적으로 은하를 분류한 사람은 외부은하와 우주팽창을 발견한 미국의 천문학자 에드윈 허블이며, 이를 허블 분류라고 부르죠. 1936년에 제안된 이 허블

분류는 오직 형태만으로 분류한 것이기 때문에 별의 생성률(폭발적 항성생성 은하)이나 은하핵의 활동성(활동 은하)과 같은 다른 중요한 특성들을 놓칠 수 있다는 단점을 갖고 있죠.

나선은하S는 나선 모양의 팔이 팽대부Bulge를 에워싸는 원반 형태를 띠는 은하로, 중심에 막대 구조를 가진 것을 특히 막대나선은하SB라 하죠. 나선은하는 원반 부분이 같은 방향으로 회전하고 있으며, 나선팔 부근에 푸른색의 젊은 별과 성간운이 많이 분포하고, 중심부에는 나이 많은 붉은 별들이 모여 있죠. 지름은 3만 광년 이하에서부터 15만 광년이 넘는 것까지 다양하게 있으며, 질량은 태양의 1백억 배에서 1조 배까지 아우르고 있죠. 하늘에서 밝은 은하 중 약 70%는 나선은하이며, 우리 미리내 은하는 막대나선은하랍니다.

타원은하E는 공에 가까운 형태로 별들이 모여 있는 은하죠. 특별한 무늬도 없으며, 나선은하처럼 같은 방향으로 회전하지도 않아요. 각각의 별들은 불규칙하게 운동하는 경향이 강하며, 중심으로 갈수록 늙은 별들이 많이 모여 있죠. 크기나 질량은 나선은하와 별로 차이 나지 않지만, 개중에는 처녀자리 은하단의 M87과 같이 태양의 1조 배가 훨씬 넘는 거대 타원은하도

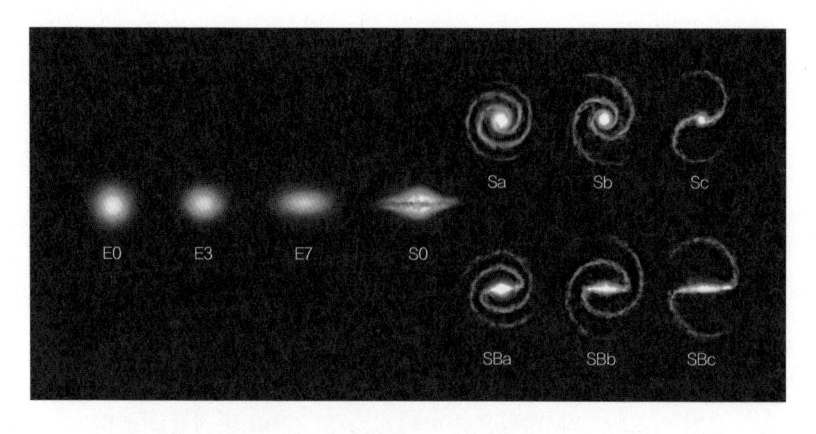

■ **허블이 분류한 은하의 종류. E는 타원은하, S는 나선은하, SB는 막대나선은하를 가리키고, 뒤에 붙은 숫자와 소문자는 형태의 정도를 뜻한다.** (출처/wikimedia)

있죠. 은하들이 충돌하면 대개 거대 타원은하를 만드는 것으로 보고 있답니다. 우리은하도 50억 년 후 안드로메다 은하와 충돌하면 이런 거대 타원은하가 될 것으로 예측되고 있죠.

불규칙은하Irr도 나선팔이 없이 이름 그대로 불규칙한 꼴을 한 은하죠. 이 은하의 공통점은 덩치가 작아 태양의 10억 배에서 100억 배 사이에 들죠. 이런 불규칙한 형태가 생기는 것은 큰곰자리 은하 M82처럼 중심부에 강한 활동이 있거나, 주위에 덩치 큰 은하의 중력에 휘둘린 탓으로 보고 있답니다.

은하는 이처럼 다양한 형태들을 보이지만, 은하가 어떻게 탄생되며, 어떤 원인으로 형태가 결정되는지에 대해서는 아직까지 명확히 규명되지 않았습니다.

최근 NASA는 강력한 허블 우주망원경을 동원해 심우주에까지 이르는 규모로 은하 호구조사를 실시했죠. 2013년 8월에 발표된 은하 호구조사에 따르면, 1,670개의 은하를 크기와 모양에 따라 분류한 결과, 110억 년 전의 은하들은 현재에 비해 크기는 작았으나, 타원은하와 나선은하가 이미 존재했음이 밝혀졌죠. 이는 곧, 110억 년 전부터 은하의 기본적인 형태와 패턴은 변하지 않았음을 보여주는 거죠. 은하 진화의 수수께끼에 대한 도전은 지금도 계속되고 있답니다.

13 천문학자들은 '우주 거리'를 어떻게 재나요?

별들 사이의 아득한 거리에는 신의 배려가 깃들어 있는 것 같다.

◆ 칼 세이건 | 미국 천문학자

요즘 100억 광년 밖의 블랙홀들이 충돌했다느니, 130억 광년 거리의 은하들을 관측했다느니 하는 기사를 자주 보게 됩니다. 천문학에서 많이 쓰는 거리 단위는 광년光年light year인데, 1광년은 1초에 30만km, 지구를 7바퀴 반 도는 빛이 1년을 달리는 거리죠. 미터법으로는 10조km쯤 됩니다. 태양-해왕성 간의 거리 45억km의 2,200배쯤 되죠.

태양계에서는 이보다 작은 단위를 쓰는데, 지구-태양 간 거리, 곧 1억 5천만km를 1천문단위AU라 합니다. 1광년은 약 63,241AU에 해당하죠. 태양-토성 간 거리는 약 10AU, 태양-해왕성 간의 거리는 약 30AU입니다.

천문학자가 별까지의 거리를 재는 데 많이 쓰는 또 다른 단위로 파섹parsec/pc이 있죠. 1파섹은 연주시차parallax가 1″(각초, arcsec)인 거리를 뜻하며, 단위로 사용될 때는 pc으로 표기해요. 천문학에서는 별이나 은하 등 태양계 바깥 천체까지의 거리는 대부분 파섹으로 표시하죠. 1pc을 미터법으로 표시하면 약 30조km, 3.26광년에 해당합니다.

태양에서 가장 가까운 별로 알려진 프록시마 센타우리 별까지의 거리는 4.2광년, 1.3pc이므로, 빛이 여기까지 갔다가 돌아오는 데만도 약 8년이 걸립니다. 인간의 척도로 볼 때는 가장 빠른 로켓으로 달리더라도 가는 데만도 5만 년이 걸리는 어마무시한 거리지만, 우주에서는 눈썹 길이 정도밖엔 안 되는 지척이죠.

어쨌든 이것만 해도 우리의 상상력으로는 잘 가늠이 안 되는 거리인데, 천문학자들은 10억 광년이니 100억 광년이니 하

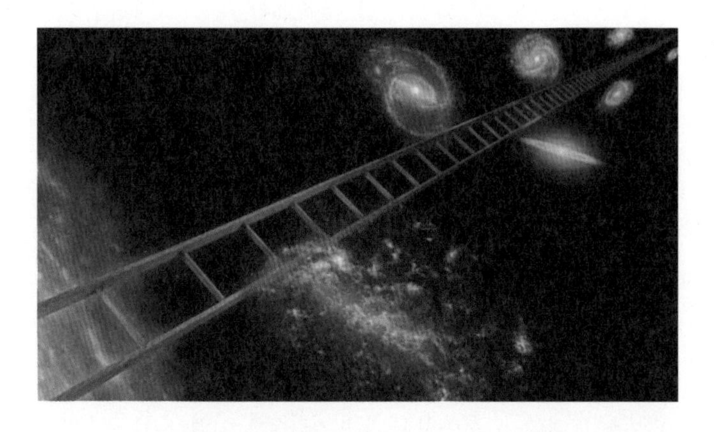

▪ 우주 거리 사다리. 먼저 지구의 크기와 달과 태양까지의 거리를 구한 다음, 그것들을 기초로 삼아 가까운 별에서 더 먼 천체까지 차례로 거리를 측정하는 단계별 측량 방식이다. (출처/NASA)

는 그 엄청난 거리를 도대체 어떻게 재는 걸까요? 물론 하루아침에 우주 측량술이 확립된 것은 아닙니다. 수많은 천재들의 열정과 땀으로 갖가지 다양한 기법들이 차례로 개발되면서 엄청난 우주의 크기를 가늠할 수 있는 우주 측량술이 정립되었죠.

태양이나 달까지의 거리를 측정하려는 시도는 고대 그리스 때부터 행해져왔지만, 하늘의 단위와 지상의 단위를 결부시킨다는 것은 결코 쉬운 일이 아니었죠. 천문학자들은 먼저 지구의 크기와 달과 태양까지의 거리를 구한 다음, 그것들을 잣대로 삼아 가까운 별에서 더 먼 천체까지 차례로 거리를 측정하는 과정을 밟아왔죠. 이런 식으로 단계별로 척도를 늘려나가는 측량 방식을 우주 거리 사다리cosmic distant ladder라 하죠.

삼각형 하나가 가르쳐준 '천동설'

역사상 최초로 '우주 거리'를 잰 사람은 기원전 3세기 고대 그리스의 천문학자 아리스타르코스(BC 310경~230)였습니다. 그가 우주 측량에 사용한 도구는 삼각형과 원, 그리고 하늘의 달이었죠. 그러나 그 측량의 결과는 놀라운 것이었습니다.

먼저 그가 월식을 관측하고 얻은 결과물을 살펴보도록 하죠. 월식 때 월면은 지구에 대한 거울 구실을 합니다. 월면에 지구 그림자가 그대로 나타나는 거죠. 이때 지구 그림자를 보면 원형입니다. 지구가 만약 삼각형이라면 그림자도 삼각형일 것이요, 편평한 판이라면 그림자도 길쭉하게 비칠 게 아닌가. 그런데 월식 때 보면 지구 그림자는 언제나 둥그렇죠.

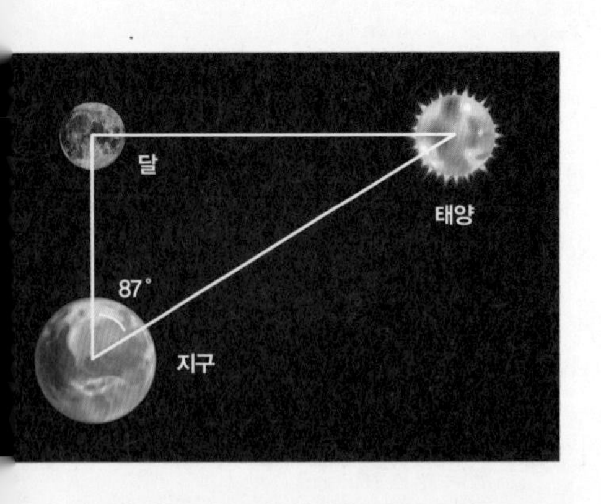

■ 삼각형 하나가 알려준 지동설. 아리스타르코스의 지구-달-태양 사이의 거리 측정. 거리를 알면 상대적인 크기도 알 수 있다.

고대 천문학자들은 이를 지구가 구체라는 움직일 수 없는 증거로 보았죠.

아리스타르코스의 월식 관찰은 여느 사람과는 달랐어요. 월식으로 지구 그림자가 달의 가장자리에 올 때 두 천체의 원호 곡률을 비교함으로써 달과 지구의 상대적인 크기까지 알아냈던 겁니다. 가히 천재의 발상법이라 하지 않을 수 없죠. 그가 알아낸 값은 지구 크기가 달의 3배라는 사실이죠. 참값은 4배이지만, 기원전 사람이 맨눈으로, 그리고 오로지 추론만으로 그 정도 알아냈다는 것은 참으로 놀라운 지성이라 하지 않을 수 없습니다.

아리스타르코스의 천재성은 여기서 멈추지 않았어요. 그는 달이 정확하게 반달이 될 때 태양과 달, 지구는 직각삼각형의 세 꼭짓점을 이룬다는 사실을 추론하고, 이 직각 삼각형의 한 예각을 알 수 있으면 삼각법을 사용하여 세 변의 상대적 길이를 계산해낼 수 있다고 생각했죠. 그는 먼저 지구와 태양, 달이 이루는 각도를 쟀어요. 87도가 나왔죠(참값은 89.5도). 세 각을 알면 세 변의 상대적 길이는 삼각법으로 금방 구해집니다. 그런데 희한하게도 달과 태양은 겉보기 크기가 거의 같아요. 이는 곧 달과 태양의 거리 비례가 바로 크기의 비례가 된다는 뜻이죠.

아리스타르코스는 이 점에 착안하여 다음과 같이 세 천체의 상대적 크기를 또 구했죠. 태양은 달보다 19배 먼 거리에 있으며(참값은 400배), 지름 또한 19배 크다. 고로 달의 3배인 지구보다는 7배 크다(참값은 109배). 따라서 태양의 부피는 7의 세제곱으로 지구의 약 300배에 달한다고 결론지었죠. 그의 수학은 정확했지만 도구가 부실했던 거죠. 하지만 본질적인 핵심은 놓치지 않았어요. "지구보다 300배나 큰 태양이 지구 둘레를 돈다는 것은 모순이다. 태양이 우주의 중심에 자리하고 있으며, 지구가 스스로 하루에 한 번 자전하며 1년에 한 번 태양 둘레를 돌 것이다."

이로써 인간의 감각에만 의존해왔던 오랜 천동설을 젖히고 인류 최초의 지동설이 탄생하게 된 거랍니다. 우주의 중심에서 인류의 위치를 몰아낸 지동설은 이렇게 한 천재의 기하학으로부터 탄생했습니다. 따지고 보면 직각 삼각형 하나가 인류에게 지동설을 알려준 것이라고도 할 수 있죠.

막대기 하나로 지구의 크기를 잰 사람

아리스타르코스의 뒤를 이어받은 천재는 한 세대 뒤에 나타났습니다. 그가 바로 역사상 최초로 한 천체의 크기를 잰 천

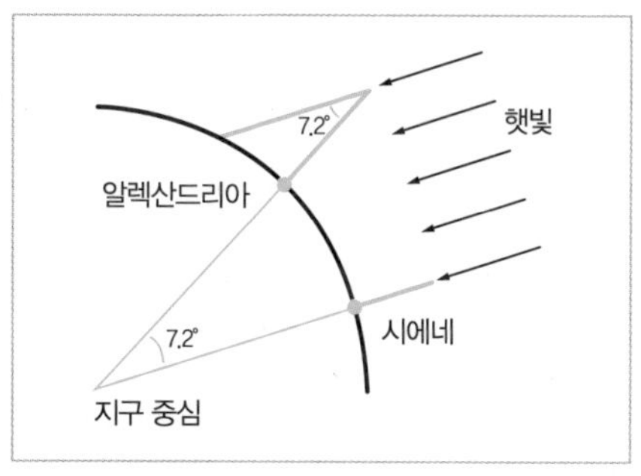

■ **막대기 하나와 각도기 하나로 맨 처음 지구의 크기를 잰 에라토스테네스와 그가 사용한 방법** (출처/wikipedia)

문학자이자 수학자인 에라토스테네스(BC 276~194)였죠. 그가 잰 천체는 물론 지구였습니다.

에라토스테네스는 터무니없이 간단한 방법으로 인류 최초로 지구 크기를 쟀는데, 참값에 비해 10% 오차밖에 나지 않았어요. 그가 이용한 방법은 막대기 하나를 땅에다 꽂아 해의 그림자를 이용한 측정법이었죠. 이 역시 기하학을 이용한 건데, 어느 날 그는 도서관에서 책을 뒤적거리다가 '남쪽의 시에네 지방(아스완)에서는 하짓날인 6월 21일 정오가 되면 깊은 우물 속 물에 해가 비치어 보인다'는 문장을 읽었죠. 이것은 무엇을 뜻하는가? 그리스 인들은 지역에 따라 북극성의 높이가 다른 사실 등을 근거로 지구가 공처럼 둥글다는 것을 알고 있었어요.

구체인 지구의 자전축은 궤도 평면상에서 23.5도 기울어져 있죠. 하짓날 시에네 지방에 해가 수직으로 꽂힌다는 것은 곧 시에네의 위도가 23.5도란 뜻이죠(이 지점이 바로 북회귀선, 곧 하지선이 지나는 지역이다). 여기서 천재의 발상법이 나옵니다. 그는 실제로 6월 21일을 기다렸다가 막대기를 수직으로 세워보았어요. 하지만 시에네와는 달리 알렉산드리아에서는 막대 그림자가 생겼어요. 그는 여기서 이는 지구 표면이 평평하지 않고 곡면이기 때문이라는 점을 깨달았죠. 그리하여 에라토스테네스가 파피루스 위에다 지구를 나타내는 원 하나를 컴퍼스로 그리던 그 순간, 엄청난 일이 일어났답니다. 이것은 수학적 개념이 정확한 관측과 결합되었을 때 얼마나 큰 위력을 발휘하는가를 확인해주는 수많은 사례 중의 하나죠.

에라토스테네스가 그림자 각도를 재어보니 7.2도였어요. 햇빛은 워낙 먼 곳에서 오기 때문에 두 곳의 햇빛이 평행하다고 보고, 두 엇각은 서로 같다는 원리를 적용하면, 이는 곧 시에네와 알렉산드리아 사이의 거리가 7.2도 원호라는 뜻이 됩니다. 에라토스테네스는 사람을 시켜 두 지점 사이의 거리를 걸음으로 재본 결과 약 925km라는 값을 얻었어요. 그 다음 계산은 간단하죠. 여기에 곱하기 360/7.2 하면 답은 약 46,250이

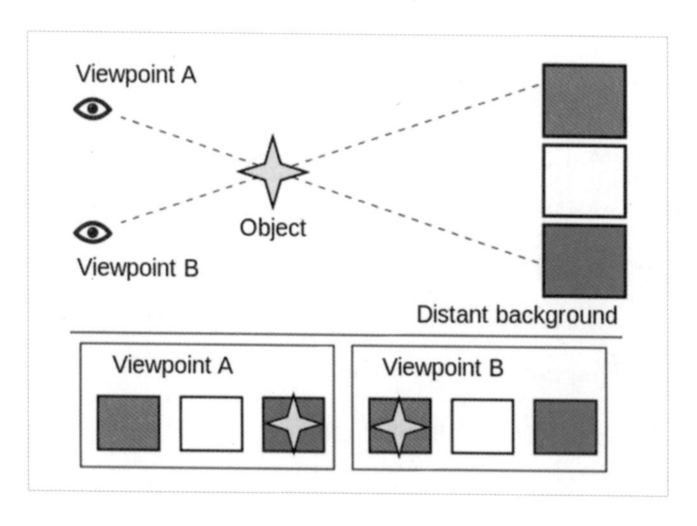

■ **시차. 시점 A, B에서 보면 각각 배경이 달라 보인다.** (출처/wikipedia)

라는 수치가 나오고, 이는 실제 지구 둘레 4만km에 10% 미만의 오차밖에 안 나는 값이죠.

2,300년 전 고대에 막대기 하나와 각도기, 사람의 걸음으로 우리가 사는 행성의 크기를 최초로 알게 되었고, 이를 아리스타르코스의 태양과 달까지 상대적 거리에 대입시켜, 비록 큰 오차가 나는 것이긴 하지만 천체 사이의 실제 거리를 알게 되었던 겁니다.

달까지 거리를 '줄자'로 재듯이 잰 사람

에라토스테네스 다음으로 약 1세기 만에 나타난 걸출한 천재는 에게 해 로도스 섬 출신의 히파르코스(BC 190~120)였어요. 그가 남긴 천문학 업적은 세차운동 발견, 최초의 항성목록 편찬, 별의 밝기 등급 창안, 삼각법에 의한 일식 예측 등 그야말로 눈부신 것들이죠. 그는 지구 표면에 있는 위치를 결정하는 데 엄밀한 수학적 원리를 적용하여 오늘날과 같이 경도와 위도를 이용하여 위치를 나타낸 최초의 인물이기도 하죠.

그는 돌던 팽이가 멈추기 전에 팽이 축을 따라 작은 원을 그리듯이 지구 자전축의 북극점도 그러한 모습으로 회전한다는 세차운동의 이론을 정립하고 그 값을 계산해냈답니다. 1년 동안 춘분점이 이동한 각도를 구하고, 360도를 이 값으로 나누어 구한 값이 26,000년이었죠(오늘날의 그 참값은 25,800년).

히파르코스의 측량술은 달에까지 미쳤어요. 그는 간단한 기법으로 달까지의 거리를 구했는데, 그가 사용한 방법은 시차視差였습니다. 한 물체를 거리가 떨어진 두 지점에서 바라보면 시차가 발생하죠. 눈앞에 연필을 놓고 오른쪽 눈, 왼쪽 눈으로 번갈아 보면 위치 변화가 나타나는데, 이것이 바로 시차죠.

그는 두 개의 다른 위도상 지점에서 달의 높이를 관측해 그

시차로써 달이 지구 지름의 30배쯤 떨어져 있다는 계산을 해냈죠. 이 역시 줄자를 갖다대 잰 듯이 참값인 30.13에 놀랍도록 가까운 값이었죠. 이로써 그는 아리스타르코스가 구한 값(지구 지름의 9배)을 크게 수정한 셈이죠. 이는 지구 바깥 천체까지의 거리를 최초로 정밀하게 측정한 빛나는 업적이었습니다.

삼각법으로 알아낸 태양계의 크기

달까지의 거리를 자로 재듯이 정확하게 측정한 히파르코스의 후예는 무려 1,800년 뒤에야 나타났어요. 이탈리아 출신의 천문학자 조반니 카시니(1625~1712)가 그 주인공으로, 그가 발견한 토성의 카시니 간극으로 우리에게도 낯익은 사람이죠.

카시니가 태양까지의 거리를 재겠다는 야심찬 계획에 도전한 것은 그가 프랑스 루이 14세의 초청을 받아 파리 천문대장에 취임, 거금을 마음껏 사용할 수 있게 된 최초의 천문학자가 되었을 때였죠. 당시 태양과 각 행성들 간의 거리는 케플러의 제3법칙, 행성과 태양 사이의 거리의 세제곱은 그 공전주기의 제곱에 비례한다는 공식에 의해 상대적인 거리는 알려져 있었지만, 실제 거리가 알려진 게 없어 태양까지의 절대 거리를 산정하는 데는 쓸모가 없었죠.

카시니는 먼저 화성까지의 거리를 알아내고자 했어요. 방법은 역시 시차를 이용한 삼각법이었죠. 시차를 알고 두 지점 사이의 거리, 곧 기선의 길이를 알면 그것을 밑변으로 하여 삼각법으로 목표물까지의 거리를 구할 수 있죠. 이 기법은 이미 1,900년 전 히파르코스가 38만km 떨어진 달까지의 거리를 측정하는 데 써먹은 방법입니다. 그러나 좀더 멀리 떨어져 있는 천체와의 거리를 정확하게 재기 위해서는 좀더 긴 기선이 필요하죠.

카시니는 먼저 제1단계로 시차를 이용해 화성까지의 거리를 구하기로 했는데, 마침 화성이 지구에 접근하고 있었죠. 이는 곧 큰 시차를 얻을 수 있는 기회임을 뜻하죠. 1671년, 카시니는 조수 장 리셰르를 남아메리카의 프랑스령 기아나의 카옌으로 보냈죠(기아나는 영화 〈빠삐용〉에 나오는 유명한 유형지 악마의 섬이 있는 곳). 파리와 카옌 간의 거리 9,700km를 기선으로 사용하기 위해서였죠. 리셰르는 화성 근처에 있는 몇 개의 밝은 별들을 배경으로 해서 화성의 위치를 정밀 관측했고, 동시에 파리에서는 카시니가 그와 비슷한 측정을 해서 화성의 시차를 구했죠.

계산 결과는 놀랄 만한 것이었습니다. 화성까지의 거리는 6천 400만km라는 답이 나왔어요. 이 수치를 '행성의 공전주기의 제곱은 행성과 태양 사이 평균 거리의 세제곱에 비례한다'는 케플러의 제3법칙에 대입하니 지구에서 태양까지의 거리는 1억 4천만km로 나왔죠. 이것은 참값인 1억 5천만km에 비하면 오차 범위 7% 안에 드는 훌륭한 근사치죠. 오차는 화성의 궤도가 지구와는 달리 길쭉한 타원인 데서 생겨난 것이었죠.

어쨌거나 이는 태양과 행성, 그리고 행성 간의 거리를 최초로 밝힌 의미 있는 결과로, 인류에게 최초로 태양계의 규모를 알려주었다는 점에서 천문학사에 특기할 만한 일이었죠. 당시 태양계는 토성까지로, 지구-태양 간 거리의 약 10배였죠. 이로써 인류는 태양계의 크기를 최초로 알게 되었답니다.

중학교 중퇴자가 최초로 별까지의 거리를 재다

별까지의 거리를 재는 데는 대개 시차를 사용합니다. 지구 궤도 반지름을 기선으로 삼아 별까지의 시차를 재면 목표 천체까지의 거리를 계산해낼 수 있죠. 이 궤도 반지름을 기선으로 삼는 별의 시차를 연주시차라 합니다. 다시 말하면, 어떤 천체를 태양과 지구에서 봤을 때 생기는 각도의 차이가 연주시차라는 것이죠.

'연주年周'라는 호칭이 붙는 것은 공전에 의해 생기는 시차

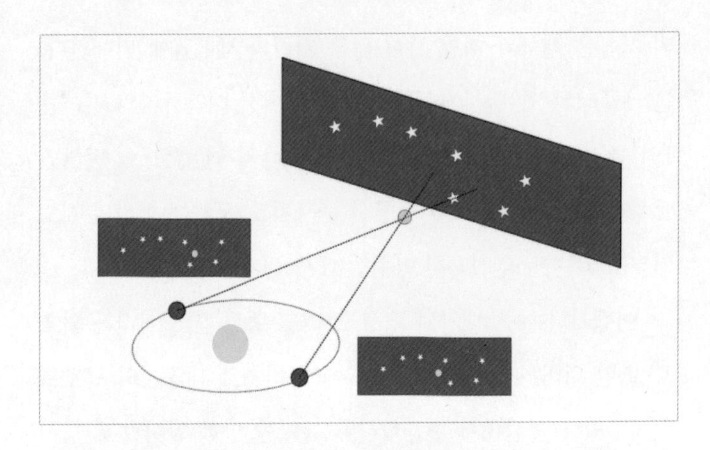

■ **연주시차. 어떤 천체를 바라보았을 때 지구의 공전에 따라 생기는 시차를 뜻하며, 이것이 지구 공전의 결정적 증거이다.** (출처/wikipedia)

이기 때문입니다. 실제로 연주시차를 구할 때, 관측자가 태양으로 가서 천체를 관측할 수 없기 때문에, 지구가 공전 궤도의 양 끝에 도달했을 때 관측한 값을 1/2로 나누어 구하죠.

1543년 코페르니쿠스가 지동설을 발표한 이래, 천문학자들의 꿈은 연주시차를 발견하는 것이었답니다. 지구가 공전하는 한 연주시차는 없을 수 없는 거죠. 그것이 지구 공전에 대한 가장 확실하고도 직접적인 증거이기도 했어요. 그러나 그 후 3세기가 지나도록 수많은 사람들이 도전했지만 연주시차는 난공불락이었죠. 불세출의 관측 천문가 윌리엄 허셜도 평생을 바쳐 추구했지만 끝내 이루지 못한 것이 연주시차의 발견이었죠. 그도 그럴 것이, 가장 가까운 별들의 평균 거리가 10광년으로 칠 때 약 100조km가 되는데, 기선이 되는 지구 궤도의 반지름이라 해봐야 겨우 1.5억km. 무려 1,000,000 대 3이죠. 어떻게 그 각도를 잴 수 있겠어요? 그야말로 극한의 정밀도를 요구하는 거죠.

코페르니쿠스가 지동설을 발표한 지 거의 300년 만에야 이 연주시차를 발견한 천재가 나타났습니다. 놀랍게도 중학교를 중퇴하고 천문학을 독학한 프리드리히 베셀(1784~1846)이 바로 그 주인공이죠. 베셀의 최대 업적이 된 연주시차 탐색은 그가 독일의 쾨니히스베르크 천문대 대장으로 있을 때인 1837년부터 시작되었죠. 별들의 연주시차는 지극히 작으리라고 예상됐던 만큼 되도록 가깝고 고유 운동이 큰 별을 대상으로 선택해야 했죠. 베셀이 선택한 별은 가장 큰 고유 운동을 보이는 백조자리 61번 별이었습니다.

베셀은 1837년 8월에 백조자리 61의 위치를 근접한 두 개의 다른 별과 비교했으며, 6달 뒤 지구가 그 별로부터 가장 먼 궤도상에 왔을 때 두 번째 측정을 했어요. 그 결과 배후의 두 별과의 관계에서 이 별의 위치 변화를 분명 읽을 수 있었죠. 데이터를 통해 나타난 백조자리 61번 별의 연주시차는 약 0.314초각! 이 각도는 빛의 거리로 환산하면 약 10.28광년에 해당합니다. 실제의 10.9광년보다 약간 작게 잡혔지만, 당시로서는 탁월한 정확도였죠. 이 별은 그후 '베셀의 별'이라는 별명을 얻게 되었답니다.

천왕성을 발견한 윌리엄 허셜의 아들이자 런던 왕립천문학회 회장인 존 허셜 경은 베셀의 업적을 이렇게 평했어요. "이것이야말로 실제로 천문학이 성취할 수 있는 가장 위대하고 영광스러운 성공이다. 우리가 살고 있는 우주는 그토록 넓으며, 우리는 그 넓이를 잴 수 있는 수단을 발견한 것이다."

베셀의 연주시차 측정은 우주의 광막한 규모와 지구의 공전 사실을 확고히 증명한 천문학적 사건으로 커다란 의미를 갖는 거죠. 별들의 거리에 대한 측정은 천체와 우주를 물리적으로 탐구해나가는 데 필수적인 요소라는 점에서 베셀은 천문학의 새로운 길을 열었던 겁니다.

우주의 끝을 밝혀준 '표준 촛불'

그러나 연주시차로만 천체의 거리를 구하는 것은 한계가 있었죠. 대부분의 별은 매우 멀리 있어 연주시차가 아주 작기 때문이죠. 지구 대기의 산란 효과 등으로 인한 오차 때문에 미세한 연주시차는 계산할 수 없으므로, 100pc(326광년) 이상 멀리 떨어진 별에 적용하기는 어렵답니다. 따라서 더 먼 별에는 다른 방법을 쓰지 않으면 안 되죠.

그렇다면 대체 어떤 방법을 쓸 수 있을까요? 사실 시차만 하더라도 일종의 '상식'을 관측으로 찾아낸 것이라 할 수 있죠. 그러나 더 먼 우주의 거리를 재는 잣대는 이런 상식에서 나온 것이 아니라 우주 속에서 발견한 것이었죠. 이 놀라운 우주의 잣대를 발견한 주역은 한 귀머거리 여성 천문학자였어요. 그러나 청력과 그녀의 지능은 아무런 관련도 없었죠.

페루의 하버드 천문대 부속 관측소에서 찍은 사진자료를 분석하여 변광성을 찾는 작업을 하던 헨리에타 리비트(1868~1921)는 소마젤란 은하에서 100개가 넘는 세페이드형 변광성을 발견했습니다. 이 별들은 적색거성으로 발전하고 있는 늙은 별로서, 주기적으로 광도의 변화를 보이는 특성을 가지고 있죠. 이 별들이 지구에서 볼 때 거의 같은 거리에 있다는 점에 주목한 그녀는 변광성들을 정리하던 중 놀라운 사실 하나를 발견했죠. 한 쌍의 변광성에서 변광성의 주기와 겉보기 등급 사이에 상관관계가 있다는 점을 감지한 거죠. 곧, 별이 밝을

수록 주기가 느려진다는 점입니다. 리비트는 이 사실을 공책에 다 "변광성 중 밝은 별이 더 긴 주기를 가진다는 사실에 주목할 필요가 있다"고 짤막하게 기록해두었죠. 이 한 문장은 후에 천문학 역사상 가장 중요한 문장으로 꼽히게 되었답니다.

리비트는 수백 개에 이르는 세페이드 변광성의 광도를 측정했고 여기서 독특한 주기-광도 관계를 발견했어요. 3일 주기를 갖는 세페이드의 광도는 태양의 800배, 30일 주기를 갖는 세페이드의 광도는 태양의 1만 배로 나왔죠.

1908년, 리비트는 세페이드 변광성의 '주기-광도 관계' 연구 결과를 〈하버드 대학교 천문대 천문학연감〉에 발표했습니다. 리비트는 지구에서부터 마젤란 성운 속의 세페이드 변광성들 각각까지의 거리가 모두 대략적으로 같다고 보고, 변광성의 고유 밝기는 그 겉보기 밝기와 마젤란 성운까지의 거리에서 유도될 수 있으며, 변광성들의 주기는 실제 빛의 방출과 명백한 관계가 있다는 결론을 이끌어냈죠.

변광성의 달인이라 불리는 리비트가 발견한 이러한 관계가 보편적으로 성립한다면, 같은 주기를 가진 다른 영역의 세페이드 변광성에 대해서도 적용이 가능하며, 이로써 그 변광성의 절대등급을 알 수 있게 됩니다. 이는 곧 그 별까지의 거리를 알 수 있게 된다는 뜻이죠. 이것은 우주의 크기를 잴 수 있는 잣대를 확보한 것으로, 한 과학 저술가가 말했듯이 천문학을 송두리째 바꿔버릴 대발견이었죠.

리비트가 발견한 세페이드형 변광성의 주기-광도 관계는 천문학 사상 최초의 표준 촛불이 되었으며, 이로써 인류는 연주시차가 닿지 못하는 심우주 은하들까지의 거리를 알 수 있게 되었죠. 또한 천문학자들은 표준 촛불이라는 우주의 자를 갖게 됨으로써, 시차를 재던 각도기는 더 이상 필요치 않게 되었죠.

리비트가 밝힌 표준 촛불은 그녀가 암으로 세상을 떠난 2년 뒤 위력을 발휘했습니다. 1923년 윌슨 산 천문대의 에드윈 허블이 표준 촛불을 이용해, 그때까지 우리은하 내부에 있는 것으로 알려졌던 안드로메다 성운이 외부은하임을 밝혀냈던 거죠. 이로써 우리은하는 우주의 중심에서 끌어내려지고, 우리은하가 우주의 전부인 줄 알고 있었던 인류는 은하 뒤에 또 무수한 은하들이 줄지어 있는 대우주에 직면하게 되었답니다.

따지고 보면 우주의 팽창이라든가 빅뱅 이론 같은 것도 리비트의 표준 촛불이 있음으로써 가능한 것이었죠. 리비트가 변광성의 밝기와 주기 사이의 관계를 알아냄으로써 빅뱅의 첫 단추를 꿰었다고 할 수 있죠. 허블은 이러한 리비트에 대해 그의 저서에서 "헨리에타 리비트가 우주의 크기를 결정할 수 있는 열쇠를 만들어냈다면, 나는 그 열쇠를 자물쇠에 쑤셔넣고 뒤이어 그 열쇠가 돌아가게끔 하는 관측 사실을 제공했다"라며 그녀의 업적을 기렸답니다.

이처럼 허블 본인은 리비트의 업적을 인정하며 그녀는 노벨상을 받을 자격이 있다고 자주 말하곤 했죠. 그러나 스웨덴 한림원이 노벨상을 주려고 그녀를 찾았을 때는 가난과 병에 시달리다가 세상을 떠난 지 3년이 지난 후였답니다. 하지만 불우한 여성 천문학자 헨리에타 리비트의 이름은 천문학사에서 찬연히 빛나고 있을 뿐만 아니라, 소행성 5383 리비트와 월면 크레이터 리비트로 저 우주 속에서도 빛나고 있죠.

우주 팽창을 가르쳐준 '적색이동'

우주 거리 사다리에서 변광성 다음의 단은 적색이동(적색편이)이랍니다. 이것은 별빛 스펙트럼을 분석해서 그 별까지의 거리를 알아내는 방법으로, 이른바 도플러 효과라는 원리를 바탕으로 하고 있죠.

도플러 효과를 설명할 때 주로 소방차 사이렌 소리가 예로 제시되죠. 소방차가 관측자에게 다가올 때 소리가 높아지다가,

멀어져가면 급속이 소리가 낮아진다는 것을 알 수 있는데, 이것은 파원이 관측자에게 다가올 때 파장의 진폭이 압축되어 짧아지다가, 반대로 멀어질 때는 파장이 늘어남으로써 나타나는 현상이죠. 이것을 바로 도플러 효과로, 1842년에 이 원리를 처음으로 발견한 오스트리아의 과학자 크리스티안 도플러의 이름을 딴 거죠.

도플러 효과는 모든 파동에 적용되는 원리랍니다. 빛도 파동의 일종인 만큼 도플러 효과를 탐지할 수 있죠. 도플러가 제시한 이 원리를 이용한 장비가 실생활에서도 여러 방면에 쓰이고 있는데, 만약 당신에게 어느 날 느닷없이 속력 위반 딱지가 날아왔다면, 그것은 바로 도플러 원리를 장착한 스피드건이 찍어서 보낸 거랍니다.

현재 천문학에서 천체들의 속도를 측정하는 데 이 도플러 효과가 널리 사용되고 있어요. 우주 팽창으로 인해 후퇴하는 천체가 내는 빛의 파장이 늘어나게 되는데, 일반적으로 가시광선 영역에서 파장이 길수록 (진동수가 적을수록) 붉게 보이죠. 따라서 후퇴하는 천체가 내는 빛의 스펙트럼이 붉은색 쪽으로 치우치게 되는데, 이를 적색이동라고 하죠. 이 적색이동의 값을 알면 천체의 후퇴 속도를 측정할 수 있습니다.

천문학에서 도플러 효과에 의한 적색이동은 1848년 프랑스의 물리학자 아르망 피조에 의해 처음으로 관측되었어요. 그는 별빛의 선스펙트럼 파장이 변하는 것을 발견했는데, 이 효과는 도플러-피조 효과라고 불리죠.

1924년 초 에드윈 허블은 도플러 효과를 이용해 은하들의 적색이동(속도)과 은하들까지의 거리가 비례한다는 허블의 법칙을 발견했죠. 이러한 발견들은 우주가 정적이지 않고 팽창하고 있다는 가설을 관측으로 뒷받침하는 것으로, 우주의 팽창과 빅뱅 이론의 문을 활짝 열어젖힌 가장 중요한 근거로 받아들여지고 있답니다.

우주 거리 사다리의 마지막 단은 '초신성'

우주에서 가장 먼 거리를 재는 우주 줄자는 초신성입니다. 초신성이란 진화의 마지막 단계에 이른 별이 폭발하면서 그 밝기가 평소의 수억 배에 이르렀다가 서서히 낮아지는 별을 가리키는데, 마치 새로운 별이 생겼다가 사라지는 것처럼 보이기 때문에 이런 이름이 붙었죠. 하지만 사실은 늙은 별의 임종인 거죠. 우리나라에서는 잠시 머물렀다 사라진다는 의미로 객성客星(손님별)이라고 불렀어요.

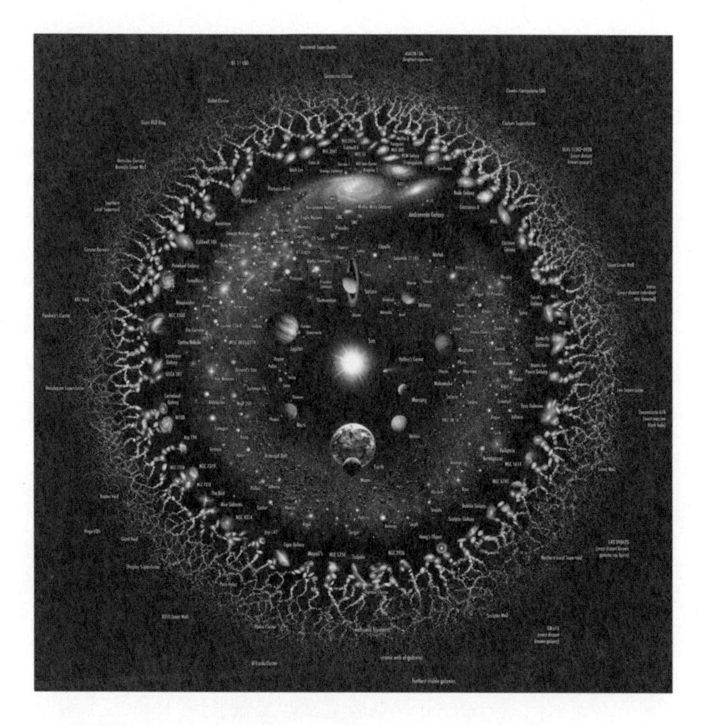

■ **우주의 크기. 지구에서 전파를 보내도 영원히 우주 가장자리까지 닿을 수는 없다.** (출처/wikipedia)

그러면 어떤 별이 초신성이 되는가? 몇 가지 유형이 있는데, 먼저 태양 질량의 8배 이상인 무거운 별이 마지막 순간에 중력 붕괴를 일으켜 폭발하는 것이 있죠.

다음으로는 짝을 이루는 백색왜성에서 물질을 끌어와 찬드라세카르 한계[1]라 불리는 태양 질량의 1.4배를 넘는 순간 폭발하는 유형이 있는데, 이것이 바로 거리 측정에 사용되는 1a형 초신성이랍니다. 같은 한계질량에서 폭발하여 같은 밝기를 보이므로, 그 광도를 측정하면 그 별까지의 거리를 알아낼 수가 있죠. 따라서 1a형 초신성은 자신이 속해 있는 은하까지의 거리를 측정할 수 있게 해주는 중요한 지표가 됩니다.

1929년 허블이 적색이동을 이용해 우주의 팽창을 처음으로 알아낸 이후, 우주의 팽창속도가 어떻게 변화하고 있는지가 중요한 관심사가 된 가운데, 1a형 초신성은 먼 은하까지의 거리를 측정하고 우주의 팽창속도를 알아낼 수 있는 최적의 도구가 되었죠.

1990년대에 들어 과학자들은 멀리 있는 1a형 초신성 수십 개의 거리와 후퇴속도를 분석한 결과, 초신성들이 우주가 일정한 속도로 팽창하는 경우에 비해 밝기가 더 어둡다는 사실이 밝혀졌어요. 이것은 이 초신성들이 예상보다 멀리 있다는 것을 말하며, 그것은 곧 우주의 팽창속도가 점점 빨라지고 있음을

---

1 — 백색왜성이 가질 수 있는 최대 질량. 태양 질량의 약 1.44배이다. 이보다 무거운 질량을 가진 별은 수축하여 중성자별이나 블랙홀로 변한다. 인도 태생의 천문학자 찬드라세카르가 1931년 발견했으며, 이 업적으로 1983년에 노벨 물리학상을 받았다.

뜻하는 거죠. 말하자면 우주는 가속팽창되고 있다는 겁니다. 이 획기적인 사실을 발견한 두 팀의 천문학자들은 뒤에 노벨 물리학상을 받았어요.

이전까지는 우주에 있는 물질들의 인력 때문에 우주의 팽창속도가 일정하게 유지되거나 줄어들 것으로 생각되었죠. 그런데 실제 관측 결과는 이와 정반대로 나타난 셈인데, 우주의 이 같은 가속팽창에는 분명 어떤 힘이 계속 작용하고 있음을 뜻하는 거죠. 지금으로서는 이 힘의 정체가 무엇인지 알 길이 없지만, 과학자들은 이 정체불명의 힘에 암흑 에너지라는 이름을 붙였답니다.

이 암흑 에너지는 우주가 팽창하면 팽창할수록 점점 더 커집니다. 그러므로 우리 우주는 앞으로 영원히 가속팽창할 운명이죠. 이런 놀라운 우주의 비밀을 밝혀준 것이 바로 우주의 가장 긴 줄자인 초신성인 거죠.

현재 지구에서 관측 가능한 우주의 가장자리까지의 거리는 약 465억 광년, 관측 가능한 우주의 지름은 약 930억 광년으로 추정되고 있답니다.

14 우주는 어떤 종말을 맞을까요?

> 우주의 소멸에 대한 예측… 부디 순환하는 불덩이가 없기를.
> 나는 저 길고 어두운 우주의 낮잠에 들 준비가 되어 있다.
>
> • 쳇 레이모 | 미국 천문학자

많은 이론 물리학자들은 우주가 언젠가 종말에 이를 것이며, 그 과정은 이미 시작되었다고 믿고 있답니다.

우주의 미래는 전적으로 우주에 물질이 얼마나 담겨 있는가에 달려 있죠. 우주가 담고 있는 물질의 중력이 팽창력보다 크면 언젠가 우주는 수축하게 되며, 팽창력이 중력보다 더 크면 우주는 영원히 팽창일로를 걷게 됩니다. 만약 두 힘이 똑같으면 우주는 평탄한 상태를 유지하면서 영원히 팽창하겠죠.

우주의 팽창을 멈추게 하는 우주의 물질밀도를 임계밀도라 하는데, 현재 알려진 값은 $10^{-29}g/cm^3$입니다. 이는 우주 공간 $1m^3$당 6개의 수소 원자가 들어 있는 셈으로, 우리가 만들 수 있는 어떤 진공보다도 더 완벽한 진공이죠. 요컨대 물질은 우주 공간의 1조분의 1 정도를 채우고 있을 뿐이죠. 그래서 물리학자는 제임스 진스는 우주의 물질밀도에 대해 "큰 성당 안에 모래 세 알을 던져넣으면 성당 공간의 밀도는 수많은 별을 포함하고 있는 우주의 밀도보다 높게 된다"고 말했죠. 그러니 우주는 사실 텅 빈 공간이나 다를 바가 없어요. 우리는 그야말로 색즉시공色卽是空의 세계 속에서 살고 있는 거죠. 참고로 지구 대기 중에는 $1m^3$ 안에 10^{25}개의 원자가 있답니다.

우주의 평균밀도 Ω오메가는 우주의 밀도를 우주의 임계밀도로 나눈 값입니다. 우주의 운명은 Ω 값이 1보다 큰지 작은지에 따라 결정되는데, 만일 $\Omega < 1$이면 우주의 밀도는 임계밀도보다 작아서 끝없이 팽창하는 열린 우주가 되고, 반대로 $\Omega > 1$이면 중력이 충분히 커서 우주는 어느 시점에서 팽창을 멈추고 다시 수축하는 닫힌 우주가 되며, $\Omega = 1$일 경우에는 평탄한 상태를 유지하면서 영원히 팽창하는 평탄 우주가 되죠. 현재 우리 우

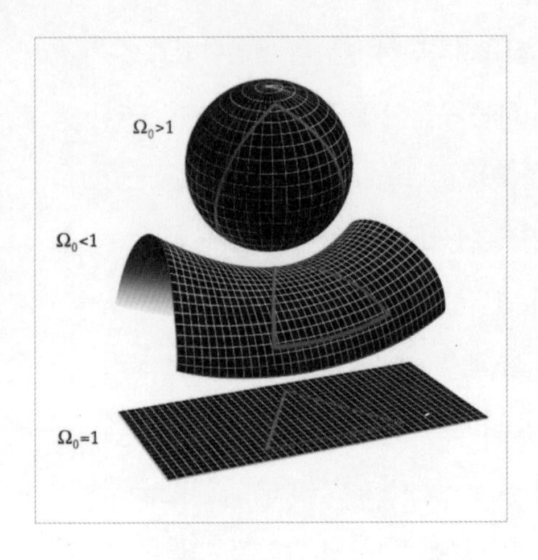

■ **우주 구조의 세 형태** (출처/wikipedia)

주의 Ω값은 1에서 크게 벗어나지 않는 것으로 나와 있어요.

그러나 어느 쪽의 우주가 되든, 우주는 열평형과 무질서도(엔트로피)[1]의 극한을 향해 서서히 무너져가는 것은 우울하지만 피할 수 없는 운명으로 보입니다. 이른바 열사망熱死亡[2]이라는 상태죠.

지금으로서는 우주가 어떻게 끝날 것인지는 확실히 알 수 없지만, 과학자들은 대략 다음과 같은 우주 종말 3종 세트를 뽑아놓고 있죠. 이른바 대함몰big crunch, 대파열big rip, 대동결big freeze 시나리오입니다.

---

1 — 자연적인 현상은 비가역적이며, 이는 무질서도가 증가하는 방향으로 일어난다는 것이다. 이를 수치적으로 보여주는 것이 엔트로피로, 무질서도의 척도이다. 열역학 제2법칙.

2 — 엔트로피가 최대가 되어 모든 물질의 온도가 일정하게 된 우주. 이러한 상황에서 어떠한 에너지도 일을 할 수 없고 우주는 정지한다.

지금까지 우주론자들이 뽑아놓은 계산서에 따르면 가장 큰 가능성으로, 우주는 결국 스스로 붕괴를 일으켜 완전히 소멸하거나, 우주 팽창속도가 가속됨에 따라 결국엔 은하를 비롯한 천체들과 원자, 아원자 입자 등 모든 물질이 갈가리 찢겨져 종말을 맞을 것이라 합니다.

대파열 시나리오에 따르면, 강력해진 암흑 에너지가 우주의 구조를 뒤틀어 처음에는 은하들을 갈가리 찢고, 블랙홀과 행성, 별들을 차례로 찢을 겁니다. 이러한 대파열은 우주를 팽창시키는 힘이 은하를 결속시키는 중력보다 더 세질 때 일어나는 파국이죠. 우주의 팽창이 나중에 빛의 속도로 빨라지면 물질을 유지시키는 결속력을 와해시켜 대파열로 나아가게 된다는 거죠. 그 결과 우주는 어떻게 될까? 무엇에도 결합되지 않은 입자들만 캄캄한 우주 공간을 떠도는 적막한 무덤이 될 것이라고 보고 있답니다.

몇 년 전, 우주의 팽창속도로 최초로 측정된 110억 년 전에 비해 훨씬 빨라져 롤러코스트를 보는 것 같다는 관측 사실이 발표되어 우리를 다시 한번 놀라게 했죠. 초창기 우주는 중력의 작용으로 팽창속도가 느렸지만, 50억 년 전부터는 그 속도가 빨라지기 시작했는데, 과학자들은 그것을 암흑 에너지 탓으로 보고 있답니다.

또 다른 종말 시나리오는 대함몰입니다. 이것은 우주가 팽창을 계속하다가 점점 힘이 부쳐 속도가 떨어질 것이라는 가정에 근거한 거죠. 그러면 어떻게 되는가? 어느 순간 팽창하는 힘보다 중력의 힘 쪽으로 무게의 추가 기울어져 우주는 수축으로 되돌아서게 되는 거죠. 수축속도는 시간이 지남에 따라 점점 더 빨라져 은하와 별, 블랙홀들이 충돌하고, 마침내 빅뱅의 한 점이었던 태초의 우주로 대함몰하게 된다는 겁니다.

사람의 정신을 온통 빼놓은 이 종말론은 2014년 덴마크의 과학자들이 수학적으로 그 가능성을 증명했다는 주장이 나오기도 했어요. 이 폭력적인 과정은 물리학에서 상전이相轉移 phase transition라 일컫는 것으로, 예컨대 물이 가열되다가 어떤 온도에 이르면 기체인 수증기가 되는 현상 같은 거죠.

마지막 시나리오는 열사망으로도 불리는 대동결입니다. 이것이 현대 물리학적 지식으로 볼 때 가장 가능성 높은 우주 임종의 모습이죠. 대동결설에 따르면, 우주팽창에 따라 물질이 서서히 복사하여 소멸의 길을 걷게 되는데, 별들은 차츰 빛을 잃어 희미하게 깜빡이다가 하나둘씩 스러지고, 우주는 정전된 아파트촌처럼 적막한 암흑 속으로 빠져듭니다. 약 1조 년 후면 블랙홀과 은하 등 우주의 모든 물질이 사라지게 되죠. 심지어 원자까지도 붕괴를 피할 길이 없어요. 그러면 어떠한 에너지나 운동도 존재하지 않게 되는 겁니다. 이것을 열사망이라 하죠.

몇백조 년이 흐르면 모든 별들은 에너지를 탕진하고 더 이상 빛을 내지 못할 것이며, 은하들은 점점 흐려지고 차가워질 겁니다. 은하 속을 운행하는 죽은 별들은 은하 중심으로 소용돌이쳐 들어가 최후를 맞을 것이며, 10^{19}년 뒤에 은하들은 뭉쳐져 커다란 블랙홀이 될 겁니다. 하지만 몇몇 죽은 별들은 다른 별들과의 우연한 만남을 통해 은하계 밖으로 내던져짐으로써 이러한 운명에서 벗어나 막막한 우주 공간 속을 외로이 떠돌게 되겠죠. 우주론자 에드워드 해리슨은 서서히 진행되는 우주의 파멸을 다음과 같이 실감나게 묘사합니다.

> "별들은 깜박이는 양초처럼 서서히 흐려지기 시작하면서 하나씩 꺼져가고 있다. 거대한 천체의 도시인 은하계들은 서서히 죽어가고 있다. 수십억 년이 지나면서 어둠이 깊어져가고 있다. 이따금씩 깜박이는 빛 하나가 우주의 밤을 잠시 빛내며, 어디선가 활동이 생겨나 은하계의 무덤이라는 최종선고를 약간 연기시킨다."

그러나 오랜 시간이 또 지나면 우주의 모든 물질들은 결국 블랙홀로 귀의하고, 다시 10^{108}년이 지나 모든 블랙홀들도 결국 빛으로 증발해 사라지고 나면 우주에는 약간의 빛과 중성미자, 중력파만이 떠돌아다니게 됩니다. 이윽고 종국에는 모든 물질의 소동은 사라지고, 물질도 반물질도 없으며, 우주의 무질서도를 높이는 어떠한 반응도 일어나지 않게 되겠죠. 곧 시간도 방향성을 잃게 되어 시간 자체가 사라지고, 우주는 영원하고도 완전한 무덤 속이 되는 거죠. 이것이 바로 영광과 활동으로 가득 찼던 대우주의 우울하면서도 장엄한 종말인 것입니다.

하지만 하나의 위안은 있어요. 자연이 인간에게 베푼 자비라고나 할까, 우주의 종말이 오기까지 걸리는 시간은 상상을 초월할 정도로 엄청나기 때문에 고작 찰나를 사는 인간의 운명과 연결짓는다는 것은 하루살이가 겨울나기를 걱정하는 거나 다름없는 부질없는 짓이겠죠. 과연 우주가 어떤 경로로 그 종말을 맞을지는 앞으로 과학이 밝혀내야 할 큰 과제라 할 수 있죠.

15 태양계는 어떻게 생겨났나요?

지구 전체는 하나의 점에 불과하고,
우리가 사는 곳은 그 점의 한구석에 지나지 않는다.

• 마르쿠스 아우렐리우스 | 로마 황제, 〈명상록〉 4권

먼저 태양계Solar System라는 개념이 생긴 지가 그리 오래지 않다는 사실을 알 필요가 있어요. 천동설이 득세하던 16세기까지는 지구가 우주의 중심이고, 일, 월, 화, 수, 목, 금, 토가 다 지구 둘레를 돈다고 생각했던 만큼 태양계라는 개념조차 없었죠. 그러다가 17세기 초 갈릴레오가 망원경으로 천체관측을 시작하고 천동설이 무너지고 나서야 태양계의 개념이 인류에게 자리

■ **태양계 개념도. 궤도와 크기는 비율에 맞지 않다.** (출처/NASA)

잡기 시작한 거랍니다. 그러니까 태양계라는 말의 역사가 겨우 400년밖에 되지 않았다는 얘기죠.

오늘날 태양계는 모항성인 태양의 중력에 묶여 있는 8개의 행성들과 그 위성, 소행성 등 주변 천체가 이루는 체계를 말하는데, 이 태양계를 일별해보면, 먼저 태양계의 가족은 어머니 태양과 그 중력장 안에 있는 모든 천체, 성간물질 등이 그 구성원들이죠. 태양 이외의 천체는 크게 두 가지로 분류되는데, 8

개의 행성이 큰 줄거리로 본책이라 한다면, 나머지 약 160개의 위성, 수천억 개의 소행성, 혜성, 유성과 운석, 그리고 행성간 물질 등은 부록이라 할 수 있답니다.

이 태양계라는 동네에서 가장 중요한 존재는 지구도 아니고 인간도 아니죠. 그것은 오늘도 하늘에서 빛나는 저 태양입니다. 그런데 태양계라는 동네의 이장님은 별나도 보통 별난 게 아니랍니다. 무엇보다 태양계 모든 천체들이 가진 전체 질량 중에서 태양이 차지하는 비율이 무려 99.86%나 된다는 사실! 나머지는 빼보면 바로 나오죠. 0.14%! 아무리 이장님이라 해도 그렇지, 이건 너무하다 싶죠?

여덟 행성과 수많은 위성 및 수천억 개에 이르는 소행성, 성간물질 등, 태양 외 천체의 모든 질량을 합해봤자 0.14%에 지나지 않는다니, 이건 거의 큰 곰보빵에 붙어 있는 부스러기 수준이죠. 더욱이 그 부스러기 중에서 목성과 토성이 또 90%를 차지한다는 점을 생각하면, 우리 70억 인류가 아웅다웅하며 붙어사는 지구는 부스러기 중에서도 상부스러기인 셈이죠.

우리 지구는 태양 질량의 33만 3천분의 1밖에 되지 않는답니다. 지름은 109 대 1로, 무려 139만km이죠. 이게 과연 얼마만 한 크기일까? 천문학적 숫자는 상상력을 발휘하지 않으면 실감을 못한답니다. 지구에서 달까지의 거리가 38만km이니, 그것의 3.5배란 뜻입니다. 과연 입이 딱 벌어지는 크기죠. 이것이 태양의 실체이고, 태양계라는 우리 동네의 대체적인 사정입니다.

그런데 태양에는 이보다 더 중요한 점이 있습니다. 바로 태양계에서 유일하게 스스로 빛을 내는 존재, 즉 항성이라는 특권이죠. 빛을 낸다는 것은 그럼 무슨 뜻인가? 유일한 에너지원이란 뜻이죠. 말하자면 태양계의 유일한 물주죠. 어느 모로 보든 태양계의 절대지존이십니다. 만일 태양이 빛을 내지 않는다면 이 넓은 태양계 안에 인간은커녕 바이러스 한 마리 살 수 없을 거예요. 지구에 존재하는 거의 모든 에너지, 곧 수력, 풍력까지 태양으로부터 나오지 않는 것이 없죠. 고로 태양은 모든 살아있는 것들의 어머니예요. 그러나 이런 태양도 우리은하에 있는 4천억 개의 별들 중 지극히 평범한 하나의 별에 지나지 않는답니다.

그럼 우리 동네에서 이 문제적 천체인 태양은 과연 언제 어떻게 생겨나서 우리은하 중심으로부터 3만 광년 떨어진 변두리에서 주야장천 뜨거운 햇빛을 태양계 공간에다 흩뿌리고 있는 걸까요? 이것은 말하자면 태양과 태양계의 역사가 되겠네요.

그렇다면 이 태양계는 언제, 어떻게 만들어졌을까요? 물론 지구에 사는 어느 누구도 그것을 직접 목격한 사람은 없겠죠. 하지만 현대과학은 거의 사실에 가깝게 태양계 생성의 수수께끼를 풀어냈어요. 성운설로 일컬어지는 그 내용을 간략히 정리하면 다음과 같습니다.

까마득한 옛날, 한 46억 년 전쯤 어느 시점에 정체를 알 수 없는 일단의 거대한 원시구름이 우주 공간에서 중력으로 서로 이끌리면서 서서히 회전운동을 시작했다고 합니다. 바야흐로 태양이 잉태되는 순간이죠. 수소로 이루어진 이 원시구름은 태양계 성운으로 불리는데 지름이 무려 32조km, 3광년의 크기였다네요.

이 거대 원시구름은 중력으로 뭉쳐지면서 제자리 맴돌기를 시작했고, 각운동량 보존의 법칙에 따라 뭉쳐질수록 회전속도는 점점 더 빨라지게 되었죠. 피겨 선수가 회전할 때 팔을 오므리면 더 빨리 회전하게 되는 원리와 같죠. 또한 원반이 빠르게 회전할수록 성운은 점점 평평해집니다. 이 또한 피자 반죽을 빠르게 돌리면 두께가 더욱 얇아지는 것과 같은 이치죠.

이윽고 먼지 원반의 중심에 수소 공이 만들어집니다. 이른

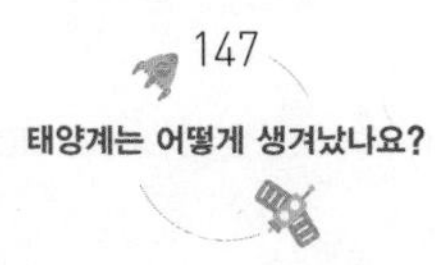

■ **아주 젊은 A형 주계열성 화가자리 베타별 주변에서 외계혜성 및 미행성과 행성이 생겨나는 모습을 표현한 상상화** (출처/wikipedia)

바 원시별이죠. 이 빠르게 회전하는 원시별이 주변의 가스와 먼지구름의 납작한 원반에서 물질을 흡수하면서 2천만 년쯤 회전하다 보니 지금의 태양 크기로 뭉쳐지기에 이르렀답니다.

원시행성계 원반으로도 불리는 이 원반 고리에는 수많은 물질이 서로 충돌하고 중력 작용으로 뭉치면서 자잘한 미행성[1] 들

1 — 태양계가 생겨날 때 존재했던 것으로 생각되는 지름 10km 이하의 작은 천체. 새로 태어난 항성 주위를 둘러싼 원시행성계 원반 내에서 일어나는 강착 과정을 통해 만들어졌다고 하며, 이들이 충돌–합병을 통해 원시행성으로 성장한다.

이 형성됩니다. 이들 행성이 원반으로부터 점점 더 많은 물질을 흡수하면서 행성으로 성장하여 우리 지구나 목성, 토성과 같은 행성을 형성하는 거죠. 미처 태양에 합류하지 못한 성긴 부스러기들은 이 같은 경로를 거쳐서 각각 뭉쳐져 행성과 위성, 기타가 되었는데, 그것들이 모두 합해야 0.14%라는 겁니다.

이 같은 경로를 거쳐 태양계 행성들도 태양과 같은 시기에 형성되었답니다. 행성들이 태양의 자전축을 중심으로 거의 같은 평면상 궤도를 돌고 있다는 사실이 그것을 잘 말해주죠. 물론 이 공전의 힘은 원시 태양계 구름의 그 뺑뺑이 힘이죠. 46억 년 전 최초 태양계 성운의 각운동량은 여전히 지속되어 모성의 자전과 행성들의 공전으로 나타난 겁니다. 25일마다 한 바퀴 자전하는 태양의 자전운동을 비롯, 태양계 모든 천체의 운동량으로 아직껏 남아 있는 거죠. 지금도 현재진행형인 지구의 자전, 공전 역시 원시구름의 뺑뺑이에서 나온 바로 그 힘이죠. 우리는 이처럼 장구한 시간의 저편과 엮여져 있는 존재랍니다.

16 태양의 종말은 어떨까요?

영원의 관점에서 사물을 생각하는 한 마음은 영원하다.

• 스피노자 | 네덜란드 철학자

사람의 일생과 같이 태양계의 구성원들도 결국은 모두 죽습니다. 태양은 앞으로 약 50억 년 정도 지금과 같은 모습으로 활동할 것으로 봅니다. 이것은 태양에 남아 있는 수소의 양으로 계산한 결과죠. 그러나 태양이 수소를 다 태우기도 전에 지구에는 심각한 변화가 나타나고, 지구상에 생명이 존속하는 것은 불가능해지는 상황이 올 거예요.

태양은 10억 년마다 밝기가 10%씩 증가하는데, 이는 곧 지구가 그만큼 더 많은 열을 받는다는 것을 뜻하죠. 따라서 10억 년 후엔 극지의 빙관이 사라지고 바닷물은 증발하기 시작하기 시작하여, 다시 10억 년이 지나면 완전히 바닥을 드러낼 겁니다. 지표를 떠난 물이 대기 중에 수증기 상태로 있으면서 강력한 온실가스 역할을 함에 따라 지구의 온도는 급속이 올라가고, 바다는 더욱 빨리 증발하는 악순환의 고리를 만들게 되죠. 그리하여 마침내 지표에는 물이 자취를 감추고 지구는 숯덩이처럼 그을어질 겁니다. 35억 년 뒤 지구는 지금의 금성 같은 염열지옥이 될 겁니다.

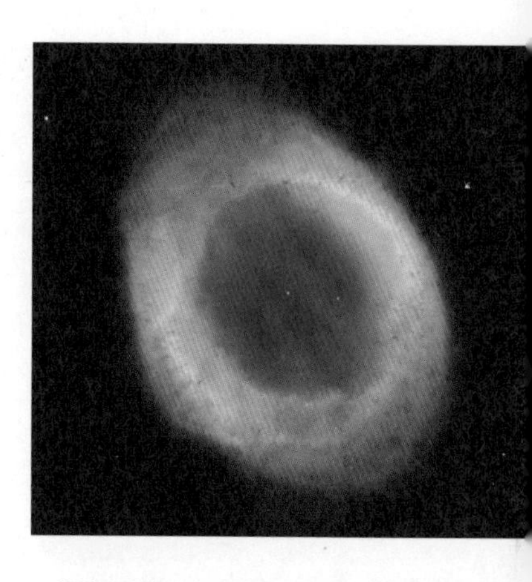

■ 행성상 성운인 고리성운 NGC 6720. 거문고자리 별 근처에 있는 성운으로, 작은 망원경으로도 보인다. 중심에 폭발한 별이 보인다. 80억 년 후 우리 태양의 모습이 이럴 것이다. (출처/NASA)

50억 년 후면 태양의 중심부에는 수소가 소진되고 헬륨만 남아 에너지를 생성할 수 없어 수축됩니다. 중심부가 수축함에 따라 생기는 열에너지로 인해 중심부 바로 바깥의 수소가 불붙기 시작해 태양은 엄청난 크기의 적색거성으로 진화하죠. 부풀

■ 태양 플레어. 오른쪽 위는 같은 비례의 지구 (출처/NASA)

어오른 태양의 표면이 화성 궤도에까지 이를지도 모릅니다. 하지만 지구가 태양에 잡아먹히지는 않을 거로 보입니다. 태양이 부풂에 따라 지구 궤도가 바깥으로 밀려 나갈 것이기 때문이죠.

78억 년 뒤 태양은 초거성이 되고 계속 팽창하다가 이윽고 외층을 우주 공간으로 날려버리고는 행성상 성운[1]이 됩니다. 거대한 먼지고리는 해왕성 궤도에까지 이를 거예요. 어쩌면 그 고리 속에는 잠시 지구에서 문명을 일구었던 인류의 흔적이 조금 섞여 있을지도 모르죠. 태양이 남긴 이 행성상 성운은 나선성운과 같은 아름다운 우주 쇼를 펼치다가 몇만 년 후엔 완전히 소멸할 겁니다.

한편, 외층이 탈출한 뒤 극도로 뜨거운 태양 중심핵이 남습

1 — 초신성 또는 신성 등의 폭발에 의해 날린 기체의 가스 성운. 그 형태로는 원반 모양, 타원 모양, 고리 모양 등이 있다. 처음 관측될 당시에 행성처럼 보였기 때문에 이런 이름이 붙여졌으나, 실제로는 행성과 아무 관계도 없다.

니다. 이 중심핵의 크기는 지구와 거의 비슷하지만, 질량은 태양의 절반이나 될 겁니다. 이것이 수십억 년에 걸쳐 어두워지면서 고밀도의 백색왜성이 되어 홀로 태양계에 남겨지게 됩니다.

이로써 120억 년 전 원시구름에서 시작되었던 태양의 장대한 일생이 마감되는 거죠. 애초에 먼지에서 태어나 찬연한 빛을 뿌리며 살다가 장엄하게 죽어 다시 먼지로 돌아가는 것 – 이것이 모든 별의 일생이죠. 어떤 물리학자는 이러한 별의 일생을 다비 후 사리를 남기는 고승의 삶과 흡사하다는 표현을 쓰기도 했습니다.

하지만 미리부터 겁먹을 필요는 없을 것 같아요. 인류가 이 지구상에서 문명을 꾸려온 지는 고작 1만 년도 채 못 되고, 100년도 채 못 사는 인간이 10억 년 뒤를 걱정한다는 것은 부질없는 일일 테니까요.

행성들 역시 태양과 같은 소멸의 길을 걷게 되는데, 머나먼 미래에 태양 주변을 지나가는 항성의 중력으로 서서히 행성 궤도가 망가지고, 행성 중 일부는 파멸을 맞게 될 것이며, 나머지는 우주 공간으로 내팽개쳐질 겁니다.

17

지구의 바다는 어디서 온 걸까요?

물 한 방울이 떨어질 때 우주의 모든 물이 지닌 속성을 본다.

• 단제 선사 | 당나라 선승

당신이 오늘 아침에도 마시고 세수한 그 물이 얼마나 오래된 것인지 아시나요? 물은 지구나 태양보다 더 전에 만들어진 것이며, 지구의 바다는 최소한 지구 역사에 버금가는 40억 년이 넘는 역사를 가졌다고 하면 대부분의 사람들은 깜짝 놀라죠. 물이 이처럼 유구한 역사를 갖고 있을 줄이야!

사실 지구 바다의 기원은 최대 미스터리 중의 하나죠. 지구

행성의 지표 면적 중 70%를 넘게 차지하고 있는 바다는 지구상의 모든 생명을 보듬고 있는 어머니 같은 존재죠. 우주에서 볼 때 지구가 푸른 행성으로 보이는 것도 다 바다 때문이죠.

그렇다면 물의 행성이라 불리는 우리 지구의 바다는 대체 어디에서 온 것일까요? 대부분의 과학자들은 지구의 바다가 원래 지구에 있던 물에서 비롯되었다고 보지 않았어요. 태양계 내의 어디로부터 온 것이라고 생각했죠. 하지만 그것이 소행성에서 온 건지, 혜성에서 온 건지는 오랫동안 밝혀지지 않은 미스터리였답니다. 이제 과학자들은 그 답을 알아냈다고 생각하고 있죠. 물은 혜성이 아니라 소행성들이 가져왔으며, 그 시기는 지구에 막 암석층이 형성될 무렵이었다고 믿고 있습니다.

38억 년 전 소행성 포격 시대에 엄청나게 큰 소행성과 혜성들의 충돌로 격변의 시기를 겪은 원시지구는 뜨거운 열기로 인해 바위들이 녹아버린 상태여서 당시 지구상에 존재했던 물 분자들은 모두 증발하여 우주 공간으로 날아가버렸고, 지금 지구상을 덮고 있는 물은 훨씬 뒤에 온 것이라고 과학자들은 추정하고 있답니다.

그렇다면 지구의 바다는 어떻게 생겨나게 되었을까요? 경우의 수가 그리 많지는 않아요. 혜성이나 소행성이 가져왔다고 생각할 수밖에 없는 거죠. 이들 천체는 거의 얼음으로 이루어진 것으로, 어느 정도 식은 원시지구에 대량 충돌해 바다를 만들었다는 가설이 나왔죠. 원시지구는 이런 천체들이 무수히 와서 충돌하는 포격시대를 겪었다는 것이 정설입니다. 말하자면 얼음과 가스 덩어리인 소행성이나 혜성들이 지구에 '바다'를 가져온 것이라고 보고 있는 거죠.

■ 지구상의 물을 모아 물공을 만든다면 그 지름이 겨우 1,400km로, 지구 지름 12,800km의 10분의 1보다 조금 큰 정도다. 왼쪽은 지구 바다보다 2배 이상의 수량을 가진 목성의 위성 유로파 그림 (출처/wikipedia)

과학자들은 문제를 풀기 위해 지구 바다의 또 다른 잠재적인 근원을 연구하고 있습니다. 원시 태양계 구성물질과 아주 흡사한 소행성은 탄소질의 콘드라이트[1]로서, 행성들이 형성되기 훨씬 이전, 그러니까 46억 년 전 태양계 성운이 막 태양을 잉태하려고 회전할 무렵 소용돌이 안에서 만들어진 거죠.

1— 태양계 형성 초기에 고화된 이후 한 번도 녹은 흔적이 없고 분화가 발생하지 않은 운석. 감람석, 사방휘석 또는 그 혼합물로 이뤄진 지름 0.3~3㎜의 구상체를 함유한 석질운석이다.

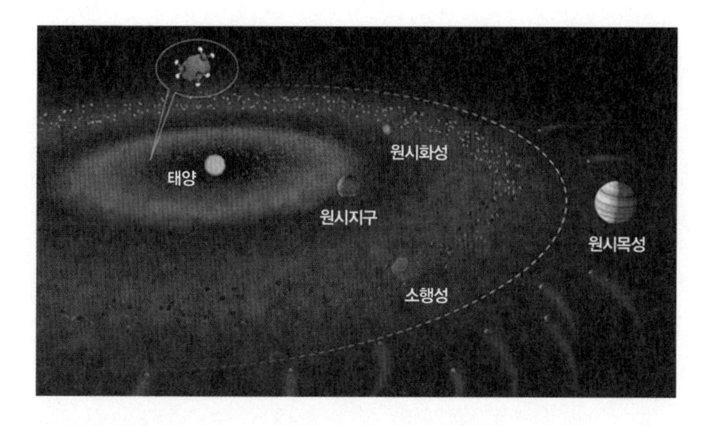

■ **원시 태양계를 묘사한 위의 그림에서 보이는 흰 점선은 설선이다.** (출처/Jack Cook/ WHOI)

원시 태양계를 묘사한 위의 그림에서 보이는 흰 점선은 설선雪線이란 겁니다. 이 선의 안쪽은 따뜻한 내부 태양계로, 외부 태양계에 대해 얼음이 안정되지 않은 상태로 있는 데 반해, 푸른색의 외부 태양계는 얼음이 안정된 상태죠.

내부 태양계가 물을 수용할 수 있는 방법은 두 가지로, 하나는 설선 안에서 물 분자가 먼지 입자에 들러붙는 것이고(말풍선 그림), 다른 하나는 원시목성의 중력 영향으로 탄소질 콘드라이트가 내부 태양계로 밀어넣어지는 거죠.

이 두 가지 요인에 의해 태양계가 형성된 지 1억 년 안에 물이 내부 태양계에서 만들어진 것으로 보고 있습니다. 지구 바

다의 근원을 결정짓기 위해 과학자들은 수소와 그 동위원소인 중수소의 비율을 측정했어요. 중수소란 수소 원자핵에 중성자 하나가 더 있는 수소를 말하죠. 그 결과, 지구 바다의 물과 운석이나 혜성의 샘플이 공히 태양계가 형성되기 전에 물이 생겨났음을 보여주는 화학적 지문을 갖고 있는 것으로 밝혀졌답니다.

물은 다같이 비슷한 수준의 중수소를 갖고 있죠. 이 중수소는 성간 우주에서밖에는 만들어지지 않는 물질입니다. 이러한 사실은 적어도 지구와 태양계 내 물의 일부는 태양보다도 더 전에 만들어진 것임을 뜻하죠. 이 같은 상황은 지구상에 생명체가 기존에 생각했던 것보다 훨씬 빨리 나타났을 수도 있음을 시사하는 대목이기도 하죠.

이처럼 물이 내부 태양계에 일찍 생겨난 것을 고려해볼 때, 다른 내부 행성들 역시 초창기에는 물을 갖고 있어, 오늘날처럼 환경이 가혹하게 되기 전엔 생명체가 존재했을 가능성을 배제할 수 없죠. 행성 형성 과정에서 물이 이처럼 광범하게 존재할 수 있다는 점은 은하 전역에 생명체가 분포해 있을 희망적인 예측이 가능하다는 것을 의미합니다.

문제는 그렇다면 지구에 바다를 가져온 것이 과연 소행성인가 혜성인가 하는 것으로 좁혀지죠. 이에 대한 답은 2015년

▪ 로제타 호의 장비가 분석한 자료에 따르면, 지구 바다의 근원은 혜성이 아니라 소행성임을 시사하고 있다. (출처/ESA)

에 67P 혜성(추류모프-게라시멘코 혜성)을 탐사하고 착륙선을 내린 유럽우주국ESA의 혜성 탐사선 로제타가 보내왔습니다.

로제타에 장착된 이온 및 중성입자 분광분석기를 이용해 혜성의 대기 성분을 분석한 결과, 지구의 물과는 다른 중수소 비율을 가진 것으로 밝혀졌죠. 중수소의 비율은 물의 화학적 족보에 해당하는 것으로, 지구상의 물은 거의 비슷한 중수소 비율을 갖고 있답니다. 이 같은 로제타의 분석은 혜성이 지구 바다의 근원이라는 가설을 관에 넣어 마지막 못질을 한 것으로

받아들여지고 있어요. 이는 또한 우리 행성에 생명을 자라게 한 장본인은 소행성임을 증명하는 것이기도 하죠.

결론은, 물의 행성이라고 불리는 이 지구의 바다는 소행성들이 가져다준 것이며, 물의 역사는 태양보다 오래된 것이라는 사실입니다. 우리가 매일 마시고 쓰는 물이 이처럼 유구한 역사를 가졌다니, 참으로 놀라운 일이 아닐 수 없겠죠?

지구 종말을 가져올 거라는 행성 X가 정말 있을까?

음모론자들이 지구의 종말을 가져올 거라고 주장하는 행성 X Planet X는 아직 발견된 바 없다. 앞으로 발견될 가능성이 있다고 보기도 어렵다. 매스컴에서는 흔히 섞어 쓰지만, 행성 X는 천문학자들이 찾고 있는 제9의 행성과는 다른 개념이다.

행성 X는 고대 수메르인들의 니비루 신화에서 비롯되었다. 수메르 신화에 따르면 12행성 니비루와 5행성의 충돌로 인해 지구, 달 등이 생겨났다고 한다. 행성 X의 존재를 주장하는 음모론자에 따르면, 지금 이 순간에도 은하 저 먼 곳에서 목성 3배 크기인 행성 X가

■ 행성 X 가설의 창시자 퍼시벌 로웰. 구경 61cm 굴절망원경으로 관측하고 있다. (출처/wikipedia)

다가온다고 한다. 이 행성 X는 자기마당이 강력하여 한 번 태양계에 올 때마다 지구에 대격변을 일으킨다고 한다. 그들은 지금까지 지구의 문명국들을 망하게 한 원인이 3,650년마다 찾아오는 이 행성 X라고 주장하며, 2012년이 다가오는 3,650년과 딱 맞아떨어진다고 한다. 만일 목성 크기의 3배인 행성이 정말 있어서 지구와 태양 사이로 돌입한다면 그 전에 태양계는 망가지고, 지구는 자전과 공전을 멈추게 되며, 인류의 멸종은 피할 수 없게 될 것이다.

2012년이 다가오자 전 세계적으로 니비루Nibiru라는 행성이 지구와 충돌할 거라는 주장이 퍼져, NASA까지 나서 근거 없는 주장이라고 일축한 해프닝이 있었다. 결과적으로 2012년이 지나도록 행성과 지구의 충돌은 일어나지 않아 음모론자들의 주장은 거짓으로 드러났다. 지난 90년대 한국 사회를 떠들썩하게 했던 휴거 소동과 다를 바 없다.

음모론자들의 주장은 거짓으로 드러났지만, 그렇다고 명맥이 영 끊긴 것은 아니다. 니비루 충돌설은 오늘날까지 다양한 음모론의 형태로 재생산되고 있다. 2017년에는 영국의 음모론 연구자인 데이비드 미드가 행성 X가 8월 지구와 근접해 인류의 절반이 사망할 수 있다는 주장을 내놨다고 보도되기도 했다. 물론 이 같은 주장의 과학적 근거는 희박하다. 그럼에도 불구하고 이런 음모론이 끊이지 않는 것은 세상에는 늘 관심을 끌고 싶어 하는 부류가 있게 마련이며, 어떤 경우에는 돈벌이도 되기 때문이다. 이런 음모론에 휘둘리지 않으려면 많은 독서로 지식을 쌓아 자신의 식견을 넓히는 길밖에 없다.

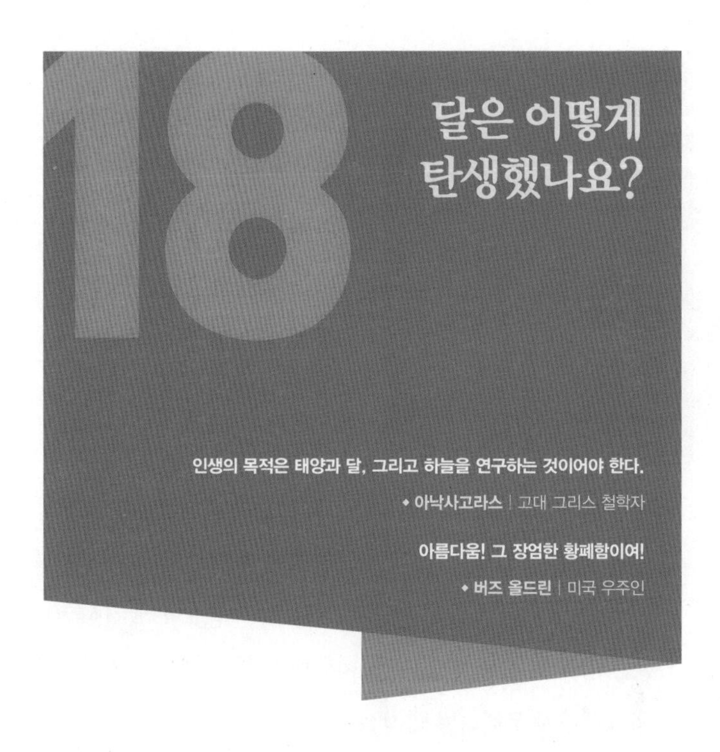

달은 어떻게 탄생했나요?

인생의 목적은 태양과 달, 그리고 하늘을 연구하는 것이어야 한다.

◆ **아낙사고라스** | 고대 그리스 철학자

아름다움! 그 장엄한 황폐함이여!

◆ **버즈 올드린** | 미국 우주인

달의 기원에 관해서는 그동안 포획설, 분리설, 동시탄생설, 충돌설 등 수많은 가설들이 있었지만, 최근에는 거대 충돌설이 대세가 되었어요. 45억 년 전 태양계 초기에 화성만 한 천체가 지구와 대충돌을 일으켜, 그때 우주로 탈출한 물질들이 뭉쳐져 지금의 달이 되었다는 학설입니다. 달의 성분 분석 등 여러 정황들이 이에 부합되어 지금은 거의 정설로 굳어져가고 있죠.

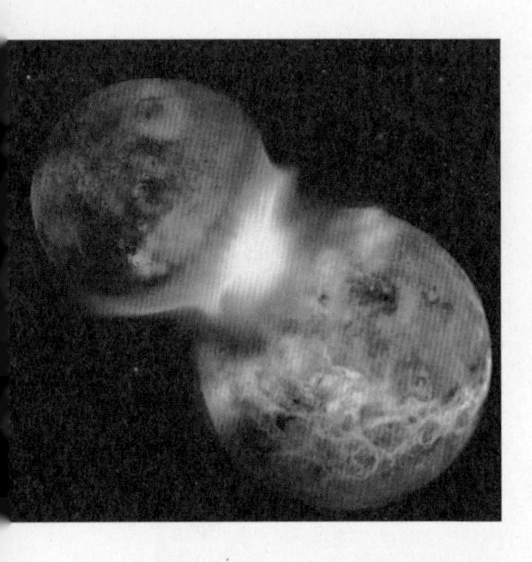

■ **거대 충돌설. 지구 형성 초기에 화성만 한 크기의 천체가 충돌하는 바람에 그 부스러기들로 달이 생성되었다는 설이다.** (출처/NASA/Hagai Perets)

먼저 다른 가설들을 살펴보면, 태양계가 만들어질 때 원시지구를 돌고 있던 많은 미행성들이 뭉쳐져 생겨났다는 동시탄생설, 지구의 태평양 부분이 떨어져나가 달이 되었다는 분리설, 지구 옆통이로 지나가다 붙들렸다는 포획설, 화성 같은 큰 천체가 살짝 부딪치는 사품에 떨어져나간 가루들이 뭉쳐서 되었다는 충돌설 등등이 있지만, 어느 것이든 현상을 만족할 만큼 설명해주지 못한다는 약점을 갖고 있죠.

다만 충돌설을 보강한 거대 충돌설이 최근 거의 정설로 자리매김되고 있는데, 지구 형성 초기인 45억 년 전, 화성만 한 크기의 천체 테이아[1]가 충돌해 합쳐지면서 그 충격으로 일부가 우주 공간으로 떨어져 날아가 지구 주위를 회전하면서 기체와 먼지 구름을 형성하게 되었고, 이것이 모여 달을 생성했다는 설입니다. 이는 컴퓨터 시뮬레이션으로 그 가능성이 입증되었죠. 또한 달 암석의 화학 조성이 지구와 매우 비슷하다는 점도 이 학설을 강력히 지지해주고 있어 현재로는 가장 유력한 학설이죠. 하지만 누가 그 진상을 알겠어요, 45억 년 전의 일을!

어쨌든 테이아가 지구와 충돌한 각도가 이상적인 45도가 되어 지구와 달이 공존하는 결과를 만들었으며, 지구에 절대적인 영향을 주게 되었다고 합니다. 만약 달이 지구의 자전축을 23.5도로 잡아주고 있지 않다면 지구에 생명체가 존재하기 어려웠을 겁니다. 또한 지구의 생명체는 달로 인해 더욱 활발한 생명활동을 보이고 있죠.

달이 지구 주위를 한 번 공전하는 데 걸리는 시간은 27.3일(궤도 주기)인데, 이는 달의 한 번 자전 시간과 같아요. 따라서 지구에서는 항상 '계수나무 옥토끼'가 보이는 달의 한쪽 면만을 볼 수 있을 뿐이죠. 말하자면 지구와 달이 서로 두 팔을 부여잡고 빙빙 윤무를 추고 있는 셈이죠.

이것은 사실 우연은 아니랍니다. 지구와 달은 서로 조석력[2]을 주고받죠. 하지만 지구가 달보다 80배나 더 무겁기 때문

---

1 — 그리스 신화에 나오는 12명의 티탄 가운데 하나. 하늘의 신 우라노스와 땅의 여신 가이아 사이에서 태어난 딸이다. 태양계 초기에 지구와 충돌해 달을 만든 행성 이름.

2 — 조석 현상을 일으키는 힘. 달이나 태양의 인력에 의해 생긴다.

에 달은 지구의 조석보다 더 큰 영향을 받아 달의 양쪽이 당겨져 펴집니다. 바로 달의 만조 부분이죠. 이것이 달의 자전속도를 늦추고, 달이 지구로부터 점점 더 멀어져가게 해 이윽고 공전주기와 자전주기가 똑같아지기에 이른 거죠. 그리하여 만조 부분이 지구와 일직선상에 놓여지고, 하루가 한 달과 같아지자 달의 자전 속도도 더 이상 느려지지 않게 되었죠. 이 현상을 조석고정tidal locking이라 하는데, 비슷한 덩치의 행성과 위성은 대개 이런 상태에 놓이게 된답니다. 명왕성과 제1위성 카론도 조석고정되어 있죠.

역으로 생각해보면, 달이 생성되었을 때는 지금보다 지구에 훨씬 더 가까웠고, 자전 속도도 더 빨랐다는 것을 알 수 있죠. 인류가 달의 뒷면을 최초로 볼 수 있었던 것은 1959년 소련의 루나 3호가 달의 뒷면을 돌면서 찍은 사진을 전송했을 때였죠. 그후 루나 3호는 달에 추락하여 고철 덩어리가 됐지만.

달의 공전주기는 27.3일이지만, 지구-달-태양의 위치 변화는 29.5일(삭망 주기)을 주기로 달라지는 달의 상을 만듭니다. 이것을 달의 위상변화라 하죠. 달의 위상은 달이 초승달, 상현, 보름달, 하현, 그믐으로 변화합니다. 달이 차고 이지러지는 원리는 달이 스스로는 빛을 내지 않는 천체이기 때문에 달과 지구,

태양의 위치 관계에 따라 달 표면에 햇빛을 받는 장소가 지구에서 볼 때 달라지기 때문이죠. 태양에 비친 반구는 밝지만 반대쪽 반구는 암흑 상태가 되며, 그와 같은 달을 태양과 같은 쪽에서 바라보면 보름달, 반대쪽에서 보면 그믐달이 됩니다.

참고로 하나 기억해둬야 할 사항은 초승달 같은 때 희미하게 보이는 달의 어두운 부분인데요, 이는 지구의 빛을 받아서 빛나는 것으로 지구조地球照라 해요. 지구조를 가장 먼저 발견한 사람은 15세기 이탈리아의 화가이자 과학자인 레오나르도 다빈치랍니다. 역시 화가의 눈이 날카롭죠?

그런데 이 달도 15억 년쯤 후면 지구를 떠나게 된답니다. 지금도 1년에 3.8cm씩 지구로부터 멀어지고 있죠. 이 벼룩꽁지만 한 길이를 어떻게 쟀냐고요? 아폴로 달 착륙선이 5개의 반사거울을 달 표면에다 세워뒀는데, 여기로 지구에서 쏘는 레이저빔이 갔다가 되돌아오는 시간이 약 2.5초입니다. 달까지 거리를 밀리미터 단위까지 잴 수 있죠.

이처럼 달이 멀어져가는 이유는 달이 만드는 지구의 밀물, 썰물 때문이죠. 이 바닷물의 움직임이 해저의 지면과 마찰을 일으켜 지구의 자전에 약간 브레이크를 걸어 자전속도를 떨어뜨리죠. 그리고 그 에너지는 달에게 전해져 달의 공전에 힘을

■ **갈릴레오 목성 탐사선이 촬영한 지구와 달** (출처/NASA)

실어주게 됩니다. 원운동하는 물체를 앞으로 밀면 그 물체는 더 높은 궤도, 더 큰 원을 그리게 되죠.

감소되는 지구의 자전속도로 인해 하루의 길이가 10만 년에 1초 정도씩 늘어나고, 3억 6천만 년 뒤면 지구의 하루는 25시간이 될 겁니다. 지구가 갓 탄생했을 때 지구와 달 사이의 거리는 24만km에 불과했다고 하는데, 현재 38만km인 걸 감안하면 45억 년 동안 14만km나 이동한 셈이죠. 달이 지구로부터 조금씩 멀어지는 것은 이처럼 달이 만들고 있는 조석간만 때문이랍니다.

티끌 모아 태산이라고, 이 3.8cm가 차곡차곡 쌓이다 보면 10억 년 후에는 3만 8천km가 됩니다. 지금 거리의 10%가 더 멀어지는 거죠. 이 정도로도 달이 목성의 인력에 끌려 떨어져 나갈지 모릅니다. 15억 년 후면 확실히 지구와의 연결이 끊어질 것으로 과학자들은 보고 있죠.

확실한 것은 언제가 되든 달이 결국은 지구와 이별할 거란 점이죠. 그후 태양 쪽으로 날아가 태양에 부딪쳐 장렬한 최후를 맞을지, 아니면 외부행성 쪽으로 날아가 광대한 우주 공간을 헤맬지, 그 행로야 알 수 없지만요. 문제는 45억 년이란 장구한 세월 동안 지구와 같이 껴안고 돌던 달도 언제까지나 그렇게 있을 존재는 아니라는 얘기죠.

오늘 밤이라도 바깥에 나가 하늘의 달을 봐보세요. 우리 지구의 동생인 저 달도 언젠가는 형과 작별을 고할 겁니다. 회자정리會者定離죠. 그런 생각으로 달을 바라보면 더 유정하고 아름답게 느껴지겠죠. 달이 떠난 후에도 지구에 생명이 살 수 있을까요? 고작 100년도 못 사는 수유須臾 인생이 몇십억 년 후의 일을 걱정한다는 것이 퍽이나 오지랖 넓은 노릇이지만.

19 명왕성은 왜 행성에서 탈락했나요?

명왕성은 내 마음의 행성이다.

◆ **클레이턴 커쇼** | 미국 프로야구 선수

명왕성冥王星Pluto에는 재미있고 감동적인 휴먼 스토리가 스며 있으니 그것부터 들려드리고 싶네요.

명왕성은 1930년 2월 18일 미국 애리조나주 로웰 천문대의 신참 직원인 클라이드 톰보(1906~97)에 의해 발견되었답니다. 이 톰보 이야기를 하기 전에 반드시 알아야 할 사항이 있는데, 그것은 퍼시벌 로웰(1855~1916)이라는 인물이죠. 출중한 호기심과 자유로운 영혼의 소유자였던 로웰은 우리와도 인연이 닿아 있는 인물로, 하버드 대학을 졸업한 후, 1883년 조선을 방문하고 〈고요한 아침의 나라 조선Choson, the Land of the Morning Calm〉이라는 제목의 책을 펴내기도 했답니다.

■ 명왕성을 발견한 고졸 출신 별지기 클라이드 톰보 (출처/wikipedia)

로웰은 30대에 천문학에 헌신하기로 결심하고 해왕성 바깥에 있는 제9의 행성을 찾는 것을 필생의 목표로 삼았죠. 천왕성의 이상 운동을 근거로 해왕성을 발견하게 된 것이 60년 전의 일이었죠. 해왕성 발견 후, 이 행성의 궤도에도 오차가 있는 것으로 밝혀져 해왕성 바깥쪽에 다른 행성이 존재할 거라는 믿음이 당시 널리 퍼져 있었어요.

로웰은 해왕성 너머로 궤도에 영향을 미치는 또 다른 행성이 있을 것으로 추정하고 이를 행성 X라 불렀죠. 1894년, 로웰은 애리조나주에 있는 해발 2,210m의 플래그스탭 산에 로웰 천문대를 세우고 행성 X를 찾기 위한 프로젝트에 돌입했습니다. 그러나 로웰은 불행하게도 끝내 꿈을 이루지 못한 채 1916년

61살의 나이로 우주로 떠났죠.

로웰의 꿈은 14년 후 천문대의 임시직인 고졸 출신의 별지기 클라이드 톰보에 의해 마침내 이루어졌답니다. 24살의 톰보는 당시 최신 기술이었던 천체사진술을 이용하여 동일한 지역의 밤하늘 사진을 2주 간격으로 촬영한 후, 그 이미지 사이에서 위치가 바뀐 천체를 분석하는 방법으로 끈질기게 탐색을 진행한 끝에 1930년 2월 마침내 명왕성을 발견했던 거죠.

이 소식은 곧 AP통신의 전파를 타고 전 세계로 퍼져나갔고, 제9의 행성 발견으로 세계는 발칵 뒤집혔죠. 과연 태양계가 앞으로도 얼마나 더 확장될 것이며, 그 바깥으로는 무엇이 더 있을까 하는 생각으로 사람들은 망연한 시선으로 하늘을 올려다보았죠.

어쨌든 명왕성 발견 하나로 톰보는 일약 유명인사가 되었어요. 영국 왕립천문학회 등으로부터 공로 메달을 받았으며, 캔자스 대학에서 장학금을 받아 정식으로 천문학을 전공하여 학위를 받았죠. 1955년부터 1973년 퇴임할 때까지 뉴멕시코 주립대학에서 교수로 재직했고, 1997년 뉴멕시코의 라스크루서스에서 천체관측을 이어가다가 평생을 꿈꾸었던 새로운 우주로 떠났죠.

여담이지만, 톰보가 로웰 천문대에서 일하게 된 것은 몇 장의 천체 스케치 덕분이었답니다. 가난한 농가 출신으로 고등학교를 졸업한 후 아마추어 별지기로 천체관측을 즐기던 톰보는 자작 망원경으로 관측한 화성과 목성의 관측 스케치를 충동적으로 로웰 천문대에 보냈죠. 천문대 대장은 이 스케치를 보고는 싹수가 있다고 생각했던지 '고되지만 보수가 짠' 천문대 일을 해볼 생각이 없느냐는 편지를 보냈고, 시골 청년은 1초의 망설임도 없이 저축한 돈을 몽땅 빼내 몇날 며칠을 가야 하는 플래그스탭행 편도 기차표를 끊었답니다. 그리고 얼마 되지 않아 거대한 행운을 움켜쥐게 된 거죠.

■ **톰보가 발견한 명왕성의 모습. 뉴호라이즌스가 2015년 7월 명왕성을 근접비행하면서 찍어 색을 보강한 사진** (출처/NASA, Johns Hopkins Univ./APL, SWRI)

명왕성이 행성 반열에서 탈락하여 왜행성으로 분류된 데는 명왕성 너머에서 명왕성보다 더 큰 소행성이 발견된 것이 결정적인 이유였어요. 톰보가 70여 년 전 명왕성을 찾을 때와 같은 방법으로 큰 사냥감을 찾아 헤매던 미국의 천문학자 마이클 브라운은 2003년, 지름 2,300km인 명왕성보다 더 큰 지름 2,600km인 소행성 에리스를 발견했던 거죠. 그후로도 비슷한 크기의 소행성들이 잇달아 발견됨으로써 국제천문연맹IAU은 2006년 행성의 정의를 다음과 같이 정했답니다.

① 태양을 중심으로 공전할 것 ② 자체 중력으로 유체역학적 평형을 이룰 것 ③ 구에 가까운 형태를 유지할 것 ④ 주변 궤도상의 천체들을 쓸어버리는(충돌, 포획, 기타 섭동에 의한 궤도 변화 등) 물리적 과정이 완료됐을 것.

이 정의에 따라 2006년 체코 프라하에서 열린 IAU 총회에서 표결에 부친 결과, 명왕성은 행성 반열에서 퇴출되고 왜행성으로 분류되었죠. 궤도를 어지럽히는 얼음 부스러기들을 청소하기에 명왕성은 덩치가 너무 작았던 거죠. 톰보가 죽었기에 망정이지, 살아 있었다면 피눈물을 흘릴 일이겠죠.

발견된 지 한 세기도 채 채우기도 전에 행성 지위에서 퇴출되었지만, 역설적이게도 대중에게는 그 전보다 더 유명하게 되었어요. 아직도 미국에서는 명왕성의 행성 지위 회복을 줄기차게 주장하고 있답니다. 2015년 7월 명왕성 근접비행에 성공한

■ 2015년 7월 명왕성과 그 위성 카론 옆을 지나는 NASA의 뉴호라이즌스. 명왕성 탐사 후 두 번째 미션을 부여받고 카이퍼 띠 안의 천체를 탐사하기 위해 날아가고 있다. (출처/Southwest Research Institute)

뉴호라이즌스New Horizons의 명왕성 탐사를 계기로 미국인들의 명왕성 지위 회복 요구가 더욱 드세어지고 있는 중이죠. 그만큼 미국인들은 명왕성을 사랑하고 있답니다.

2006년 1월 19일 발사된 최초의 명왕성 탐사선 뉴호라이즌스는 목성의 중력도움을 이용하여 9년 반 만인 2015년 7월 명왕성에 도착했고, 명왕성 표면으로부터 지구 지름에 해당하는 12,550km 거리까지 접근하는 역사적인 근접비행에 성공

했죠.

카이퍼 띠에 있는 왜행성으로서는 현재 가장 큰 천체인 명왕성은 암석과 얼음으로 이루어져 있으며, 지름 2,400km로 달의 70%에 지나지 않죠. 태양으로부터 평균 약 60억km(40AU) 떨어진 타원형 궤도를 돌고 있으며, 공전주기는 약 248년, 자전주기는 6.4일로, 길쭉한 타원형 궤도 때문에 해왕성의 궤도보다 안쪽으로 들어올 때도 있어요. 1979~1999년까지는 해왕성 궤도 안쪽으로 들어왔지만 공전면이 달라 충돌할 가능성은 거의 없답니다. 위성은 5개 있고, 표면엔 얼음과 흙이 아주 많고 표면 온도가 무려 섭씨 영하 230도이며, 태양으로부터의 거리 60억km를 달리면 햇빛이 1,000분의 1의 수준으로 약해집니다. 지구보다 태양에서 40배나 더 멀리 떨어져 있어 현재 우주선의 속력으로도 10년을 날아가야 하죠.

여담이지만, 1992년 NASA는 톰보에게 특별한 제안을 했죠. 2003년에 출발하기로 예정되어 있는 명왕성 탐사에 참여해달라는 것이었어요. 톰보는 뛸 듯이 기뻤지만, 이미 연로한 몸이어서 꿈을 이루지 못한 채 세상을 떠났죠. 어차피 명왕성 탐사선은 사람이 탈 수는 없는 거죠.

그러나 톰보는 명왕성까지 갔어요! 의리 깊은 후배 천문학자들의 배려로, 살아 있는 육신 대신 그를 화장한 재의 일부가 뉴호라이즌스에 실려서 2015년 7월 명왕성에 도착했던 거죠. 비록 명왕성에 영면하지는 못하고 먼발치를 지나면서 보았을 뿐이겠지만, 톰보의 뼛가루를 담은 캡슐에는 그의 묘석에 새겨진 다음과 같은 글귀가 적혀 있었어요.

> **"미국인 클라이드 톰보 여기에 눕다. 그는 명왕성과 태양계의 세 번째 영역을 발견했다. 아델라와 무론의 자식이었으며, 패트리셔의 남편이었고, 안네트와 앨든의 아버지였다. 천문학자이자 선생님이자 익살꾼이자 우리의 친구 클라이드 W. 톰보**(1906~1997)**."**

또 하나. 톰보는 한때 유현진이 소속했던 MBL 다저스팀의 에이스 투수 클레이턴 커쇼의 외할아버지랍니다. 그래서 커쇼는 '명왕성은 내 마음의 행성이다'라고 적힌 티셔츠를 입고 TV에 출연한 적도 있죠. 톰보가 이런 손자의 모습을 보았다면 무척 대견해했을 것 같죠?

명왕성 탐사선엔 '9개 비밀품목'이 실려 있었다!

■ **탐사선 데크 밑바닥에 붙어 있는 저 물건은 명왕성 발견자 톰보의 뼛가루다.** (출처/NASA)

NASA의 뉴호라이즌스 팀이 탐사선에 몰래 실어 보낸 비밀품목이 9개나 된다는 것이 우주 전문 사이트인 '유니버스투데이'에 보도된 적이 있다. 9년을 날아간 뉴호라이즌스 우주선이 행선지인 명왕성과 카이퍼 띠에 도착한 것은 2016년 7월이었다.

2008년 뉴호라이즌스 팀은 그들이 우주선에 몰래 태워 보낸 비밀품목들을 공개했다. 우주 공간을 10년 동안 날아서 태양계 변방으로 가는 뉴호라이즌스에 무임승차시킨 물건은 모두 9개다. 믿기 어려운 일이겠지만, 여기에는 실제 인간 1명과 수천 사람의 유골 일부가 포함되어 있다. 그 품목은 다음과 같다.

1. 실제 사람 1인. 실제 인간의 한 부분이다. 명왕성 발견자 클라이드 톰보의 분골 일부가 용기에 넣어져 위의 사진에서 보듯이 우주선 밑부분에 부착되었다.
2. 434,000명의 이름(이 위대한 탐험에 참여하기를 원한 사람 434,000명의 이름이 실린 CD-ROM 1장)
3. 뉴호라이즌스 프로젝트 팀원들의 사진이 실린 CD-ROM 1장
4. 플로리다 주 25센트 동전. 우주선이 출발한 곳이다.
5. 메릴랜드 주 25센트 동전. 뉴호라이즌스가 제작된 곳이다.
6. 미국의 민간 유인 우주선 '스페이스십 원SpaceShip One'에서 떼어낸 한 조각이 뉴호라이즌스의 안쪽 아래 데크에 부착되어 있는데, 양면에 명문이 새겨져 있다. 앞면: "우주비행에서 역사적인 진전을 이룩한 것을 기념하기 위해 또 하나의 역사적인 우주선에 이 조각을 실어 보낸다." 뒷면: "스페이스십 원은 최초의 민간 유인 우주선이었다. 스페이스십 원은 2004년 미합중국에서 날아올랐다."
7. 미국 국기 1점
8. 다른 형태의 미국 국기 1점
9. "명왕성 : 아직 탐사되지 않았다"라고 쓰인 1991년도 미국 우표

20 지구의 종말은 언제 오나요?

이 세계는 모든 결함에도 불구하고 가능한 최선의 것임을 확신한다.

◆ 볼테르의 〈캉디드〉 팡글로스 박사

지구 운명의 날까지 남은 시간을 개념화시켜 보여주는 지구 종말 시계가 연초에 2분에서 100초 전으로 당겨졌어요. 이 시계를 관장하는 미국 핵과학자회BAS는 이란-북한의 핵위협과 기후변화가 인류의 생존을 위협하고 있는 것을 가장 큰 이유로 꼽았죠.

지구 종말 시계는 인류가 개발해낸 기술에 의해 문명이 멸망할 가능성에 경종을 울리는 것이 목적이며, 지금까지 핵무기의 현황이 이 시계의 주요 판단 기준이었으나, 얼마 후 지구온난화Climate Change(기후변화)를 판단 기준으로 추가했죠.

'온실가스 효과' 삭감에서 '일정한 진전이 있긴 했지만, 기온의 파멸적 상승을 저지하기 위해서는 현재의 대책만으로는 너무나 불충분'하다는 점, 또 '핵무기'에 대해서는 핵을 보유한 국가들이 현재화를 진행하고 있는 점과 미국과 러시아가 '최근 극적으로 핵 감축 속도를 지연시키고 있다'는 점 등이 종말 시계의 시간을 주장하게 된 주요 이유입니다.

1947년 최초로 탄생한 지구 종말 시계는 지금까지 20여 차례 시간 변경을 해왔습니다. 가장 빨라졌던 시기는 미국과 옛 소련의 첫 수소폭탄 실험이 성공함으로써 남은 시간이 2분이었던 1953년이었으며, 반대로 종말이 가장 멀리 떨어져 있던 시간은 1991년 냉전이 종식했던 시기로 이때 17분 전까지 되돌려졌었죠.

지구의 종말은 천문학적 이유보다는 인류적 이유로 올 가능성이 다분하다는 게 미래학자들의 일반적인 시각입니다. 그래서 그들은 "만약 지구에 종말이 온다면 그것은 오로지 인류의 어리석음 때문일 것이다"라고 말하며 경각심을 가지기를 꾸

준히 주장하고 있죠.

천문학적 지구의 종말은 모항성인 태양의 일생과 긴밀히 엮여 있죠. 46억 년 전에 제3세대 항성으로 태어난 태양은 중심핵에서 수소를 태워 헬륨으로 바꾸는 핵융합 작용을 하는 주계열성 단계에 있는 별이죠.

태양 중심부는 초당 물질 4백만 톤을 에너지로 바꾸고 있으며, 중성미자[1]와 태양 복사 에너지를 생산하죠. 이 속도라면 태양은 일생 동안 지구 질량 100배에 해당하는 물질을 에너지로 바꾸며 주계열 단계에서 약 109억 년을 머무를 것으로 봅니다.

지금으로부터 다음 10억 년에 지구에 닿는 태양 복사의 총량은 8% 늘게 됩니다. 대단찮은 양으로 생각될지 모르지만, 기후 모델의 연구에 따르면, 태양 복사가 0.1% 늘어나면 지구의 평균기온은 0.2도 상승하죠. 즉, 태양 복사가 지구에서 8% 증가하면 3억 년 뒤 지구는 평균기온이 5도 상승하고, 겨울의 평균기온은 25도가 되며, 눈이나 얼음은 거의 보이지 않게 될 겁니다.

1— 뉴트리노neutrino라고도 하며, 우리 우주를 구성하는 가장 기본적인 입자 중 하나다. 전하를 가지고 있지 않으며, 아주 가볍고 다른 물질과 거의 상호작용을 하지 않아 그대로 통과한다. 우리 몸에도 1초에 수십억 개의 중성미자가 통과하고 있는 중이다.

박테리아보다 복잡한 생명체가 존재해왔던 것은 불과 6억 년 정도이므로, 지금 우리들은 '황금 시대'의 딱 중간쯤에 있다고 할 수 있죠. 앞으로 수억 년 후에 지구에서 어떤 생물도 살 수 없게 될 것을 생각하면, 이는 공포스러울 정도의 짧은 시간이죠.

■ **현재의 태양과 적색거성이 된 태양의 크기 비교. 무려 지름이 200배나 불어난다. 태양이 종말을 맞기 훨씬 전에 지구는 끝날 것이다.** (출처/wikipedia)

약 50억 년 후 태양이 수소를 거의 다 태우고 늙으면 적색거성으로 부풀어오르게 됩니다. 노쇠의 징조로 벌겋게 달아오른 태양의 외피는 계속 부풀어올라 지구 궤도까지 접근해올 것으로 예상되지만, 그때 지구가 어떻게 될지는 확실치 않아요. 적색거성 단계인 태양은 질량을 많이 잃은 상태이기 때문에 지구를 포함한 행성들은 현재 위치보다 뒤로 물러나게 되어 지구가 태양에 흡수되는 일은 면할지도 모르죠. 그러나 새로운 이론은 태양의 기조력으로 지구가 태양에게 흡수될 것으로 예상하기도 해요.

만약 지구가 살아남는다고 하더라도, 바다는 끓어서 기체가 되고 대기와 함께 우주 공간으로 달아날 겁니다. 그리고 태양은 서서히 밝아지면서 표면 온도가 올라가 약 7억 년 내로 지구상은 인간이 살 수 없는 환경으로 바뀝니다. 이때가 되면 지구상의 동식물이 멸종하며 지구 내부에서 나오는 온실기체를 정화시킬 수 있는 수단이 없어집니다. 따라서 온도는 급속히 오르게 되며 동식물이 멸종된 지 1억 년도 채 안 돼서 지구 표면은 끓는점에 도달하게 되죠.

바닷물이 끓게 되면 대기 중 수분이 10~20% 차지하게 되며, 물이 산소와 수소로 분리된 후 수소는 우주 공간으로 날아가게 되죠. 따라서 8억 년 내로 지구의 바닷물은 모두 증발하여 사라지고, 8억 년 후 지구는 물도 없는 황량한 사막과 같이 되며, 납이 녹는 금성 표면처럼 뜨거워질 겁니다. 그리고 태양이 더 뜨거워지면 결국에는 지구의 남은 대기마저도 날아가고 지구에 있는 것은 모두 숯덩이처럼 검게 타버리겠죠.

64억 년 후 태양은 중심핵에서 수소핵융합을 마치고 준거성 단계로 진입하고, 71억 년이 지나면 적색거성으로 진화합니다. 78억 년 뒤에는 태양은 극심한 맥동 현상을 일으키며 외층을 우주 공간으로 대방출하면서 행성상 성운이 됩니다. 태양 외층의 잔해들이 이루는 거대한 먼지 고리는 멀리 해왕성 궤도에까지 이를 겁니다. 그 먼지 속에는 인류가 일구었던 지구 문명의 잔해들도 틀림없이 섞여 있겠지요. 그때 만약 지구를 탈출해 외계행성으로 이주한 인류의 후손들이 있다면, 멀리서 그 성운 고리를 보면서 아득한 자신의 선조들을 생각할지도 모르겠네요.

여담이지만, 미국의 케이블 뉴스 전문채널 CNN이 지구 종말의 날이 찾아올 경우 방영하기 위해 준비했다는 영상이 공개되어 화제가 된 적이 있어요. CNN이 지구 종말을 앞두고 마지막 방송을 하려 했던 것은 '내 주를 가까이하게 함은Nearer My God to Thee'이란 찬송가 연주였죠. 이 곡은 1912년 타이타닉 호가 침몰할 때 배의 악단이 마지막까지 남아서 연주했다고 전해지는 노래이기도 하죠.

CNN을 출범시킨 테드 터너의 지시에 의해 1980년 제작됐다는 이 영상에서 연주하는 악단은 미 육군과 해군, 해병대, 공군의 군악대로, CNN 본사 앞에서 여성 지휘자의 지휘로 1분간 연주했죠. 들어보면 왠지 울컥하는 기분이 들게 하죠. 유튜브에서 찾아 한번 감상해보시기 바랍니다.

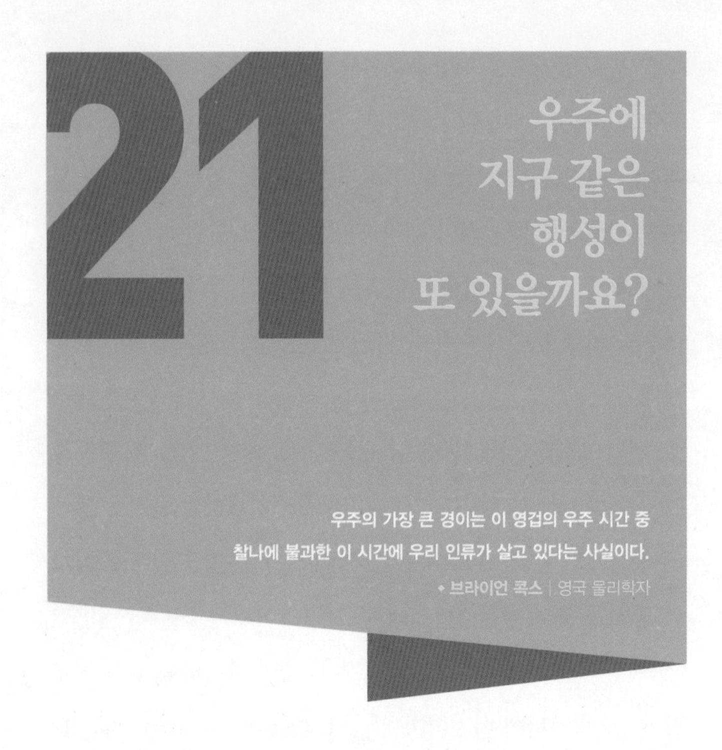

우리은하에 태양과 같은 별이 4천억 개나 있고, 우리은하와 같은 은하가 관측 가능한 우주에 또 2조 개나 있답니다. 이것이 대략 우주 속에 인류가 처해 있는 형편인 셈인데, 그러니 이처럼 드넓은 우주에서 우리 인간만이 산다고 믿는다는 것 자체가 불합리하고 터무니없는 소리처럼 들리기도 하죠.

인류가 외계 생명체에 대해 구체적으로 관심을 기울이기

시작한 것은 20세기 후반 들어 미국의 아폴로 시리즈 등으로 본격적인 우주 진출에 나선 직후부터였죠. 요즘 뉴스를 보면 제2의 지구니 슈퍼 지구니 하는 말을 자주 접하게 됩니다. 몇 년 전만 해도 이런 말을 듣기는 쉽지 않았죠.

제2의 지구란 낱말 속에는 인류의 위기의식이 스며 있다고 봅니다. 지금 이 순간에도 인류의 생존을 위협하는 핵무기 확산, 지구온난화가 지구상에서 빠르게 진행되고 있잖아요. 시시각각으로 지구 행성을 위협하고 있는 이 같은 위기상황은 과학자들로 하여금 제2의 지구를 찾아나서게끔 추동하고 있는데, 〈시간의 역사〉를 쓴 영국 물리학자 스티븐 호킹은 인류가 앞으로 1천 년 내에 지구를 떠나지 못하면 멸망할 수 있다고 경고하면서 "점점 망가져가는 지구를 떠나지 않고서는 인류에게 새천년은 없으며, 인류의 미래는 우주탐사에 달렸다"고 강조하기도 했답니다.

이 같은 위기 속에서 인류가 찾아나선 '제2의 지구Earth 2.0'란 말하자면, 사람이 살 수 있는 지구 같은 외계행성exoplanet을 뜻하는데, 그 필요조건을 정리해보면 다음과 같습니다.

1. 목성처럼 가스형 행성이 아니고 암석형 행성이어야 한다.

2. 지구처럼 모항성에서 적당한 거리에 있어 물이 액체 상태로 존재할 수 있어야 한다.
3. 행성의 크기와 질량이 지구와 비슷해, 대기를 잡아두고 생명체가 살기에 적당한 중력을 유지할 수 있어야 한다.

또 다른 조건은 이른바 골디락스 존Goldilocks zone이라 불리는 생명체 거주가능 영역habitable zone을 말합니다. 영국 전래동화 〈골디락스와 세 마리 곰〉에 숲속에서 길을 잃고 헤매던 주인공 소녀 골디락스가 빈 집에서 너무 뜨겁지도 차갑지도 않은 따뜻한 죽을 맛있게 먹었다는 데서 비롯된 말이죠. 물이 액체 상태로 존재할 수 있는 태양계의 골디락스 존은 0.95에서 1.15천문단위AU 범위로, 지구 궤도 안팎으로 아슬아슬하게 걸쳐져 있죠.

슈퍼 지구는 지구처럼 암석으로 이루어져 있지만, 지구보다 질량이 2~10배 크면서 대기와 물이 존재해 생명체 존재 가능성이 큰 행성을 통칭합니다. 슈퍼 지구의 특징은 중력이 강하고 대기가 안정적이며, 화산 폭발 등 지각운동이 활발하다는 점이죠. 지금까지 슈퍼 지구는 글리제 876d 이후 여러 개 발견되었어요. 우리 태양계에는 슈퍼 지구의 모델이 될 사례가 아직 없답니다.

■ 행성운동 3대 법칙을 발견한 케플러와 그의 이름을 딴 케플러 우주망원경. 2009년 3월 취역한 이래 2018년 퇴역하기까지 약 4천 개 이상의 외계행성 후보를 발견했다. (출처/NASA Ames/W. Stenzel)

현재 외계행성을 찾기 위해 우주로 발사된 것은 2006년에 발사된 프랑스 우주국CNES과 유럽우주국ESA의 코롯 망원경COROT : COnvection ROtation and planetary Transits과 NASA의 케플러 망원경 둘뿐이랍니다. 둘 중에서 인류의 우주 진출을 결정지을 제2의 지구를 찾는 데 첨병 역할을 맡은 것은 NASA의 케플러 우주망원경이었죠. 이 망원경의 이름에 케플러가 붙은 것은 고난으로 점철된 삶을 살면서도 인류에게 행성운동의 3대 법칙을 선물한 독일의 천문학자 요하네스 케플러(1571~1630)를 기리기 위함이죠.

2009년 3월 6일, 우주로 올라간 케플러 망원경은 NASA가 개발한 우주 광도계를 이용한 트랜싯 방법[1]으로 10만 개 이상의 항성들을 관측할 계획이었어요. 2018년 퇴역한 케플러 망원경이 찾아낸 행성 후보는 모두 4천 여 개입니다. 이중 2,700개가량이 외계행성으로 확인됐죠. 특히 이중에는 지구와 크기와 기온이 비슷해 생명체가 있을 가능성이 있는 골디락스 존 행성 10개가 포함되어 있답니다. 이들 행성은 태양-지구 간의 거리와 비슷한 지점에서 모항성 주변을 돌고 있어 액체 상태의 물이 존재할 가능성이 있는 것으로 보입니다.

또 최근에는 지구에서 약 3천 광년 떨어진 거문고자리에서 모항성까지 태양과 비슷한 지구를 똑 닮은 외계행성 후보가 발견되어 화제가 되고 있죠. 아직은 행성 후보지만 지금까지 확인된 4천여 개의 외계행성과 비교헤 지구와 가장 비슷한 환경을 가진 것으로 확인됐다고 하네요.

하지만 첫 외계행성이 발견된 이후 지난 14년간 약 4천 개의 태양계 밖 행성을 찾아냈지만, 지구처럼 생명체가 있을 가

1— 행성이 모항성 앞을 지날 때 그 엄폐로 인해 모항성의 밝기가 변하는 것을 포착하는 방법으로 외계행성의 존재를 탐지하는 방법

■ **케플러 망원경이 발견한 다양한 외계행성들. 6개의 별 중 하나꼴로 지구 크기의 행성을 가지고 있는 것으로 밝혀졌다.** (출처/C. Pulliam & D. Aguilar(CfA))

능성이 큰 천체는 사실상 드물다고 보고 있죠. 대부분은 지구의 4배가 넘는 해왕성급 가스형 행성으로 별에 가까이 붙어 있어 생명체가 존재할 가능성이 희박하다는 거죠.

이번에 발견된 KOI-406.04는 반지름이 지구의 1.9배에 달하며, 태양과 비슷한 항성인 케플러-160을 378일 주기로 돌고 있답니다. 과학자들은 강력한 지상 망원경을 이용해

KOI-406.04의 천체면 통과를 관측하거나, 2026년에 유럽우주국이 태양과 비슷한 별을 도는 지구 크기의 행성을 찾기 위해 발사할 플라토PLATO 탐사선을 통해 실체를 확인할 수 있을 것으로 기대하고 있죠.

하지만 정작 그 외계행성이 지구와 비슷한 환경이라 해도 인류의 이주 가능성과는 별개의 사항이죠. 태양에서 가장 가까운 4.2광년 거리의 프록시마 센타우리 별까지 지금의 로켓으로는 가는 데만도 무려 7만 년이 걸립니다. 과학계에선 화성 등 장거리 우주탐사를 위해 이온 엔진, 핵추진 엔진, 레이저 세일 등 여러 추진체를 연구하고 있기는 하지만, 외계행성으로의 이주 가능성은 지극히 낮다고 볼 수밖에 없죠. 결론은, 지구가 끝나면 인류도 대충 끝난다는 사실이죠. 우리가 최선을 다해 지구를 보존하지 않으면 안 되는 이유입니다.

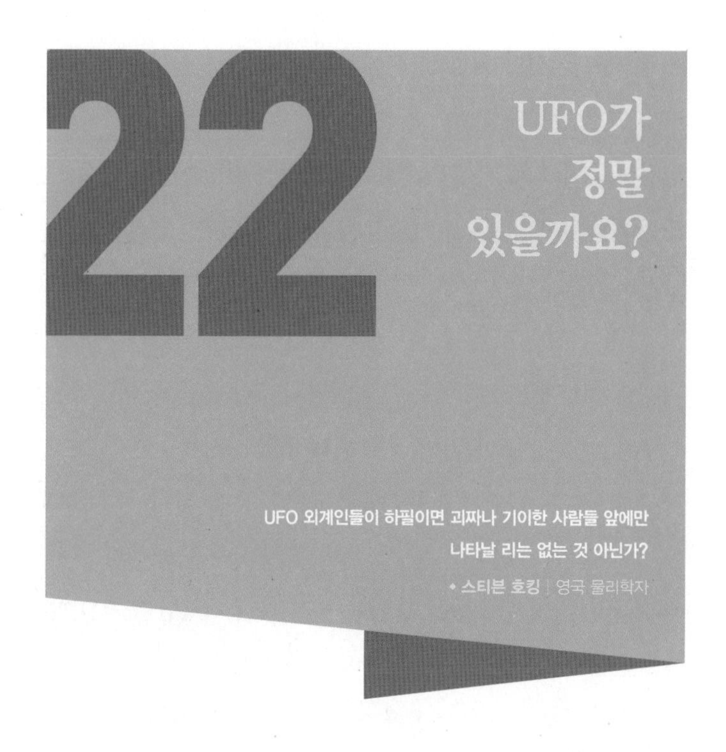

22 UFO가 정말 있을까요?

UFO 외계인들이 하필이면 괴짜나 기이한 사람들 앞에만
나타날 리는 없는 것 아닌가?

• 스티븐 호킹 | 영국 물리학자

요즘도 심심찮게 언론에 UFO 출현 뉴스를 접할 수 있습니다. 흔히 UFO라 하면 외계인들이 타고 다닌다는 비행접시를 연상하게 마련이죠. 하지만 UFO는 원래 미확인 비행체Unidentified Flying Object라는 뜻이죠. 그러니까 우주인의 비행체가 될 수도 있지만 기상 기구, 행성, 유성, 구름, 미공개 항공기, 로켓, 인공위성 등일 수도 있다는 얘기죠.

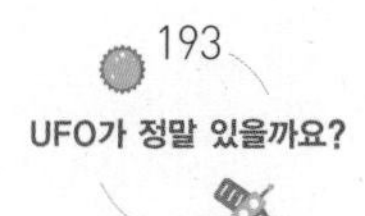

실제로 금성이 엄청 밝을 때 UFO를 봤다고 신고하는 전화가 빗발친 경우도 있었어요. 지금 이 시간에도 전 세계에서 비행접시 출현이 보고되고 있답니다. 미확인 비행물체는 주로 사진과 목격담으로 보고되며, 외계인과 접촉했다는 주장이 따라붙기도 하죠.

그러나 지금까지 엄격한 과학적 검증을 거친 끝에 확인된 외계인 비행체는 단 한 건도 없었답니다. 음모론자들은 미국 정부와 NASA가 모종의 목적을 위해 외계인 시체를 숨기고 있다고 아직까지 끈질기게 주장하고 있기는 하죠. 심지어는 UFO를 보았을 뿐만 아니라 동승하기까지 했다면서 그 얘기를 책으로 써낸 사람들도 있어요. 그중 한 사람이 미국인 조지 아담스키로, UFO를 타고 금성과 달에도 방문했다면서 〈UFO 동승기〉 등의 책들을 내서 솔찮은 인세와 유명세를 챙기기도 했지만, 임종 때 자기가 한 얘기들은 모두 거짓이라 실토했다고 하네요.

외계인 문제로 가장 유명한 얘기가 로즈웰 사건일 겁니다. 1947년 7월 미국 뉴멕시코주의 로즈웰에 UFO가 추락해 외계인이 숨졌다는 이른바 로즈웰 사건은 오랜 동안 많은 논란을 불러일으켰지만, 관계기관의 정밀조사 끝에 미 공군의 기구 추

■ **오늘날 뉴멕시코의 로즈웰은 UFO 추락 음모론에 낚인 많은 사람들이 찾는 관광지가 되고 있다.** (출처/STR New)

락 사건으로 결론이 내려졌죠. 하지만 70년 넘게 로즈웰 음모론은 사그라들지 않고 있죠. 음모론치고 단명하는 경우는 거의 없답니다.

모든 정황으로 볼 때 로즈웰 사건 역시 흔한 음모론 중 하나일 뿐이며, 이 가짜 뉴스가 끈질기게 확대재생산되는 이면에는 관심종자 외에도 책 판매와 관광 수입을 노리는 일부의 비즈니스가 작동하고 있다는 게 전문가들이 대체적인 시각이죠. 로즈웰은 지금도 외계인 얘기에 끌려 찾아오는 관광객들로 톡

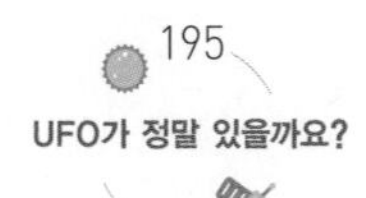

톡히 재미를 보고 있다고 합니다.

UFO 신드롬에 대해 어떤 이는 종교적 믿음과 외계인에 대한 믿음이 질적인 측면에서 전적으로 다른 듯 보이지만 사실은 일맥상통하는 점이 있는데, 고도의 문명을 지닌 외계인에 의해 인류가 창조되었을지도 모르고, 그들이 지구의 파멸에서 인간을 구원해줄 것이라고 믿는 이들이 많으며, 그것은 종교적 믿음과 본질적으로 다를 바가 없다고 해석하기도 합니다.

외계문명의 존재 여부를 다룬 〈침묵하는 우주〉를 쓴 오스트리아의 물리학자 폴 데이비스 교수는 UFO 현상이 오랜 기원을 갖는 인류의 원시적 믿음과 관련이 있다고 주장하죠. 즉, 고등종교가 과학문명에 밀려 세력을 잃고 있는 시점에서 좀더 세련된 모습으로 등장하는 복합적 유형의 원시종교라는 거죠.

외계인 UFO에 대해 물리학자 스티븐 호킹이 한 나음 말반 들어보아도 진실을 알 수 있지 않을까요. "UFO 외계인들이 하필이면 괴짜나 기이한 사람들 앞에만 나타날 리는 없는 것 아닌가?"

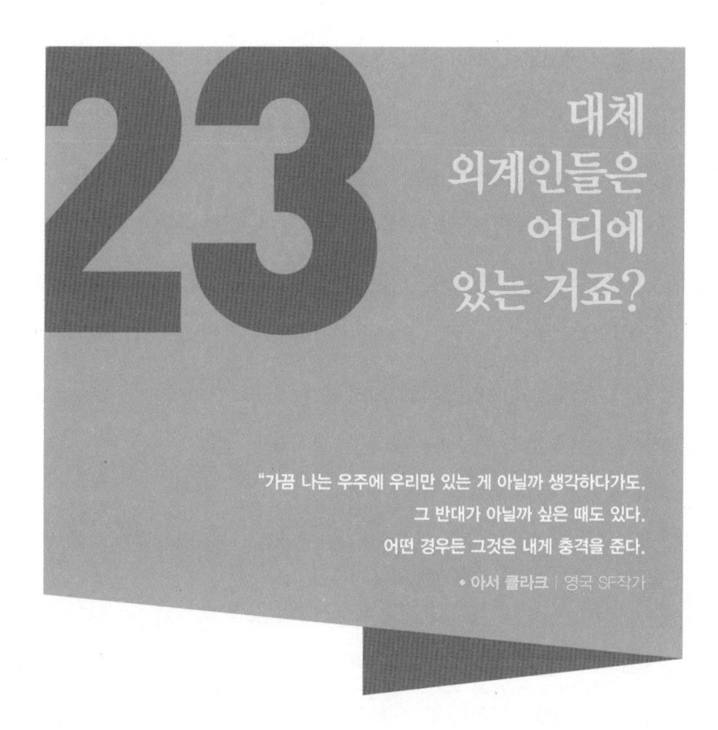

외계인 내지 외계문명의 존재 여부는 우주에 대한 인류의 관심거리 중 가장 앞줄을 차지하는 문제일 겁니다. 단순히 있다, 없다라고 예단조차 어려울 정도로 심오한 문제이기도 하죠. 바로 인간 존재의 근원에 잇닿아 있기 때문이겠죠.

우주 생명체를 찾아나선 과학자들은 기본적으로 이렇게 보고 있답니다. "우주는 너무나 광활한 곳이어서, 이 넓은 우주에

서 오로지 한 곳에만 생명이 출현할 확률은 근본적으로 제로에 가깝다. 한 곳에서 생명이 출현했다면 다른 곳에서도 당연히 출현할 수 있었을 것이다."

"만약 신이 인간만을 위해 이 우주를 창조했다면 그것은 엄청난 공간의 낭비일 것이다"라고 말한 사람은 천문학자 칼 세이건이었죠. 우리는 너무나 장구한 시간과 광막한 공간으로 격리되어 있어 그들의 존재를 감지할 수 없을 따름이며, 언젠가 만날 것이란 보장도 사실 없다고 생각하는 것이 아마 가장 타당한 추론이지 않을까 싶네요.

우주에 다른 생명체들이 살고 있으리라는 생각을 한 사람들은 일찍부터 있었죠. 망원경으로 직접 천체관측을 하기도 했던 18세기 독일 철학자 임마누엘 칸트는 태양계 형성에 관해 '성운설'을 최초로 주창한 천문학자이기도 한데, 외계 생명체에 대해 다음과 같은 자신의 생각을 밝혔죠. "나는 모든 행성들에 다 생명체가 살고 있다고 주장할 필요는 없다고 본다. 또한 이것을 굳이 부정하는 것도 불합리하다."

요컨대 외계 생명체가 있을 수도 있다는 뜻이죠. 망원경을 통해서 우주가 점점 넓어져가고 새로운 항성계들이 계속 발견됨에 따라 다른 천체에도 생명체가 존재할 것이라는 믿음이

■ 미국 캘리포니아 해트크리크에 있는 SETI 연구소 앨런 전파망원경 배열. 외계문명을 찾아 2만 개의 적색왜성을 관측하고 있다. (출처/SETI)

18세기 중반 이후로 점차 넓게 퍼져갔답니다.

인류의 메시지를 싣고 지구에서 송출된 라디오파가 우주 공간을 여행한 지도 벌써 100년이 넘었네요. 이는 곧 100광년의 거리, 곧 1천 조km를 내달렸다는 뜻이죠. 그런데 우리은하만 해도 지름이 그 1천 배인 10만 광년이나 됩니다. 라디오파가 우리은하를 가로지르는 데만도 10만 년이 걸린다는 거죠. 따라서 외계인이 비록 우리은하 안에 존재하더라도 그 신호를 수신

할 가능성은 거의 없는 거죠. 정말 우리와 가까운 데 있지 않는 한 말이죠. 그 반대의 경우도 마찬가지고요. 그러면 우리가 외계 생명체와 만날 확률이 전혀 없다는 건가? 전혀 없다고는 할 수 없어요. 하지만 그럴 경우가 생기더라도 참으로 아주 먼 미래의 일일 거로 과학자들은 생각하죠.

외계문명에 대한 언급으로는 이탈리아의 천재 물리학자인 엔리코 페르미가 제안한 페르미 역설이 유명하죠. 우주의 나이와 크기에 비추어볼 때 외계인들이 존재할 것이라는 가정하에 방정식을 만든 결과, 그는 무려 100만 개의 문명이 우주에 존재해야 한다는 계산서를 내놓았답니다.

페르미의 역설과 밀접한 관계가 있는 방정식이 또 하나 1960년대에 나타났는데, 미국 천문학자 프랭크 드레이크(1930~)가 만든 드레이크 방정식입니다. 우주의 크기와 별들의 수에 매혹된 드레이크는 우리은하에 존재하는 별 중 행성을 가지고 있는 별의 수를 어림잡고, 거기서 생명체를 가지고 있는 행성의 비율을 추산한 다음, 다시 생명이 고등생명으로 진화할 수 있는 환경을 가진 행성의 수로 환산하는 식을 만들었죠. 그 결과, 우리와 교신할 수 있는 외계의 지성체 수를 계산하는 다음과 같은 방정식이 만들어졌죠.

$$N=R^{*} \cdot fp \cdot ne \cdot fl \cdot fi \cdot fc \cdot L$$ [1]

이 식에 기초해 드레이크 자신이 예측하는 우리은하 내 문명의 수는 약 1만 개에서 수백만 개에 이릅니다. 드레이크는 이에 그치지 않고, 전파망원경을 이용해 외계로부터의 신호를 찾기 위해 가까이 있는 두 별의 주변에서 오는 신호를 찾는 시도를 한 것이 공식적인 외계 지적 생명체 탐사, 곧 SETI Search for Extraterrestrial Intelligence[2]의 출발점이 되었죠.

1984년부터 미국 캘리포니아에 근거를 두고 시작된 SETI는 먼 우주에서 오는 전파신호를 추적, 외계의 지적 생명체를 찾으려는 프로젝트로, 전파망원경으로 외계문명의 징후를 탐색하고 있는 중이죠. 한때 NASA의 자금 지원을 받은 적도 있지만 현재는 민간 기부금으로 운영되고 있죠. 지난 몇십 년 동안 NASA의 화성 탐사 로버로 화성 지표를 탐사하고, 케플러

---

1 — N은 우리은하 속에서 탐지 가능한 고도문명의 수, R*은 지적 생명이 발달하는 데 적합한 환경을 가진 항성이 태어날 비율, fp는 그 항성이 행성계를 가질 비율, ne는 그 행성계가 생명에 적합한 환경의 행성을 가질 비율, fl은 그 행성에서 생명이 발생할 확률, fi는 그 생명이 지성의 단계로까지 진화할 확률, fc는 그 지적 생명체가 다른 천체와 교신할 수 있는 기술문명을 발달시킬 확률, L은 그러한 문명이 탐사 가능한 상태로 존재하는 시간.

2 — 먼 우주에서 오는 전파신호를 추적, 외계의 지적 생명체를 찾기 위한 프로젝트. 1960년 드레이크가 SETI 프로그램을 시작한 이래 60여 개의 SETI 프로젝트가 진행되었다.

우주망원경 등으로 외부 행성계를 찾아왔지만, 아직 어떠한 외계 생명체나 그 징후도 발견하지 못하고 있죠.

우리가 외계인과 접촉하지 못하는 이유를 다른 데서 찾는 과학자들도 있죠. 예컨대 천문학자 브라이언 콕스 영국 맨체스터 대학 교수는 선진문명을 이룬 외계인들이 우리와 접촉하지 못하고 있는 이유는 그들 스스로가 자신들의 문명을 파괴하고 자멸했기 때문일 것이라고 주장한답니다.

콕스 교수는 과학의 발전이 정치제도의 발전을 앞지르는 경우, 자기 파괴의 모델이 성립되어 자멸의 길로 들어설 가능성이 높다는 가설을 내놓았어요. 멸망의 원인으로는 에너지를 생산하는 기술이 필연적으로 파생하게 되는 온실효과 가스로 멸망하든지, 또는 원자력으로 문명을 파괴했을 수도 있다는 거죠.

"스스로를 파괴할 수 있는 힘을 가지면서도 그것을 방지할 수 있는 공동체적 합의를 이끌어내야만 그 문명은 존속할 수 있는데, 불행하게도 이 한계를 극복한 문명이 없을 거라는 게 한 해답이 될 수 있다. 과학과 기술의 발달이 정치 발전을 앞지르게 마련이며, 그 결과는 파멸로 이어지게 된다."

이 같은 주장은 어쩌면 지구의 인류 문명에 그대로 적용될

지도 모를 일이죠.

이런 논의와는 별개로 외계인을 만나는 것 자체가 인류에게 큰 재앙이 될 거라고 주장하는 과학자도 있어요. 유명한 이론물리학자인 스티븐 호킹은 지능이 높은 외계인들이 약탈할 대상을 찾기 위해 우주를 돌아다니며 다른 문명을 약탈하고 그 행성을 식민지화할 가능성이 있다고 경고한 바 있죠. 그는 16세기 구대륙 유럽인들이 신대륙으로 건너와 자행한 잉카를 멸망시킨 만행 등을 보면 충분히 그럴 개연성이 있다고 강조하면서 외계인과의 접촉을 피해야 한다고 주장했어요.

이 같은 호킹의 우려에 대해 일부 천문학자들은 지나친 생각이라는 견해를 보이고 있답니다. 지구인들은 이미 1900년 무렵부터 라디오와 TV 전파를 우주로 쏘아보내고 있으므로, 만약 지구까지 올 수 있는 선진문명이 있다면 벌써 지구인의 존재를 잘 파악하고 있을 거라는 게 그들의 논리죠.

최근에는 크리스토퍼 콘슬라이스 영국 노팅엄대 천체물리학 교수가 이끄는 연구팀이 새로운 데이터와 가설을 통해 외계문명 추정치를 도출하는 방법을 개선한 연구결과를 발표했죠. 이들의 연구에 따르면, 지구와 닮은 행성에서 생명체가 형성되

는 데 45억 년에서 55억 년이 걸린다는 엄격한 가설을 전제로 우리은하에 4개에서 211개의 문명이 형성됐을 것으로 추산하는데, 이 같은 추산을 토대로 은하계 항성 형성의 역사와 항성 내 금속 함량 등을 고려해 분석한 결과, 최소 36개 이상의 소통 가능한 문명이 존재한다는 결론을 내렸답니다.

계산 결과에 따르면, 가장 가까운 문명은 17,000광년 떨어진 곳에 있지만, 외계문명이 보낸 신호가 지구에 도달하는 데 너무 오래 걸려 양방향 소통이 거의 불가능할 거라 하네요. 우리 지구 문명이 외계문명과 양방향 소통을 하기 위해서는 최소 6,120년 동안 살아남아야 한답니다.

한편, 버클리 SETI 연구소의 앤드루 시미언 소장은 외계인 발견 예상 시기로 2036년 10월 22일을 제안했고, 시카고 애들러 플라네타리움 소속 천문학자인 루시앤 월코비츠는 향후 15년 내에 외계 생명체를 발견할 것으로 예측했습니다.

어쨌든 지구 바깥의 외계에서 생명이 발견된다면 다윈의 진화론 이상의 엄청난 충격을 인류 문명에 던지겠죠. 현재 태양계 탐사의 최대 목표는 외계 생명체의 발견에 있으며, 전문가들의 대략 일치된 견해는 조만간 그 발견이 이루어질 거라는 점입니다.

만일 지구 밖 생명이 발견된다면 그것은 인류 역사상 최대의 발견으로, 인류의 우주관이나 가치관에 엄청난 충격을 줄 겁니다. 또한 '우리 인류는 이 넓은 우주에서 외톨이가 아님'을 확인하는 순간이겠죠. 어쩌면 우리는 우주적 대사건을 직접 목격할 수 있는 행운의 시대에 살고 있는지도 모릅니다.

SF작가 아서 클라크는 외계 생명체 발견에 대해 다음과 같은 인상적인 말을 남겼죠. "가끔 나는 우주에 우리만 있는 게 아닐까 생각하다가도, 그 반대가 아닐까 싶은 때도 있다. 어떤 경우든 그것은 내게 충격을 준다."

보이저 1호의 금제 음반에는 무엇이 담겨 있을까?

인간의 모든 신화와 문명에서 절대적 중심이었던 태양, 그 영향권으로부터 최초로 벗어나 호수와도 같이 고요한 성간 공간을 주행하고 있는 722㎏짜리 인간의 피조물인 보이저 1호의 몸통에는 이색

보이저 1호와 골든 레코드. 골든 레코드가 부착된 보이저 1호와 2호는 태양계를 떠나 성간 공간을 날아가고 있는 중이다. (출처/NASA)

적인 물건 하나가 부착되어 있다. 지구를 소개하는 인사말과 영상, 음악 등을 담은 골든 레코드가 바로 그것이다. 혹시 있을지도 모를 외계인과의 만남을 대비해 지구를 소개하는 갖가지 정보를 담은 레코드다.

'지구의 소리THE SOUNDS OF EARTH'라는 제목을 가진 이 음반은 12인치짜리 구리 디스크로, 표면에 금박을 입힌 까닭으로 골든 레코드라는 별명이 붙게 되었다. 여기에는 지구를 대표할 음악 27곡, 55개 언어로 된 인사말, 지구와 생명의 진화를 표현한 소리 19개, 지구 환경과 인류 문명을 보여주는 사진 118장이 수록됐다. 한국어 "안녕하세요?"도 포함되어 있다.

미세한 우주 먼지에 의한 손상을 방지하기 위해 재생기와 함께 알루미늄 보호 케이스에 보관되어 있는 보이저 레코드판의 수명은 약 10억 년으로 추산된다. 그리고 탐사체 몸통에 붙어 있는 안쪽 면의 수명은 우주의 수명과 맞먹는다고 한다. 보이저가 별이나 행성, 소행성 따위에 들이받지만 않는다면 골든 레코드의 수명은 거의 영원하다는 얘기다.

10억 년만 지나도 태양은 과열되기 시작해 지구의 바다를 증발시킬 것이며, 이윽고 지구는 숯덩이처럼 타버리고 말 것이다. 그래도 보이저는 인류가 한때 우주의 어느 한구석에 존재했었다는 흔적을 지닌 채 우리은하의 중심을 떠돌 것이다.

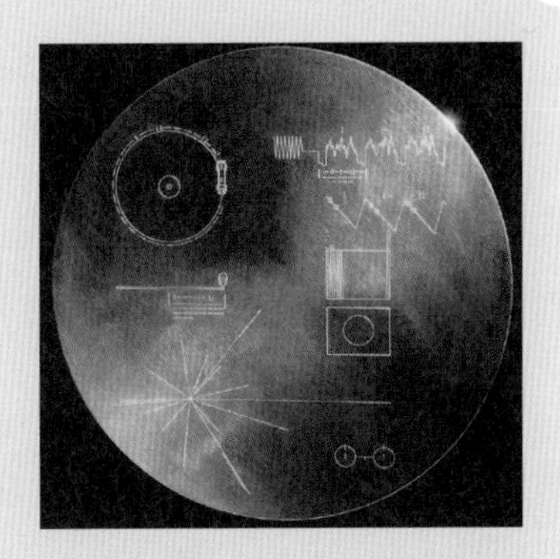

■ **보골든 레코드커버에 실린 레코드 재생 방법을 설명한 그림** (출처/NASA)

골든 레코드의 커버에는 기하학적인 형태의 그림으로 레코드 재생 방법이 설명되어 있다. 과학자들이 흥미롭게도 이러한 방법을 선택한 것은 이제껏 인류가 외계인과 소통해본 경험이 전혀 없고, 그런 언어도 없기 때문이다.

공유할 수 있는 정보가 전혀 없는 외계인과의 의사소통을 위해 과학자들이 선택한 방법은 이진법과 수소원자를 이용한 것이다. 외계인이 우리처럼 손가락이 10개가 아니라면 10진법을 쓰기가 어렵다. 따라서 컴퓨터에서 쓰는 이진법을 쓴다면 소통될 확률이 가장 높다. 이진법을 기본으로 해서 점의 개수와 기호를 대응시켜 숫자를 정의하고, 나아가 숫자의 변화에서 사칙연산을 정의한 다음, 각종 물리량 등을 서술할 때 써먹으면 된다. 그리고 수소원자는 시간 정의에 사용할 수 있다. 수소는 우주 어디서나 똑같다. 수소 원자의 전자 스핀이 바뀌는 시간, 곧 기본 전이 시간인 7억분의 1초를 한 시간 단위로 삼는다면 우주 어디의 외계 지성체도 이해할 수 있다.

레코드 커버의 왼쪽 위에 있는 그림은 축음기용 레코드판과 그 위에 놓인 바늘이다. 바늘은 정확히 맨 처음 재생 위치에 놓여 있다. 판 둘레에 있는 부호들은 레코드판의 1회 회전 속도인 3.6초를 이진법으로 표기한 것이다. 'l'이 1이고, '–'이 2이다. 그 아래 그림은 판을 옆에서 본 모습이고, 이진 부호는 레코드판의 한 면을 재생시키는 데 걸리는 1시간을 뜻한다.

왼쪽 맨 아래의 그림은 펄서 지도다. 펄서란 짧고 규칙적인 전파 신호를 보내는 중성자별로, 빠른 속도로 자전하면서 0.033~3초의 값을 가진 일정 주기로 펄스상狀 전파를 방출한다. 펄서마다 전파 방출 시간이 각기 다르기 때문에 해당 천체의 지문으로 사용할 수 있다.

그림은 태양계 주변에 있는 14개의 펄서로 보이저가 출발한 태양계의 위치를 나타낸 것이다. 방사선에 표시되어 있는 이진부호는 각 펄서의 정확한 맥동주기다. 외계인이 있다면 각 펄서의 맥동주기를 함수로 계산한다면 은하 속 태양계의 위치를 잡아낼 수 있다.

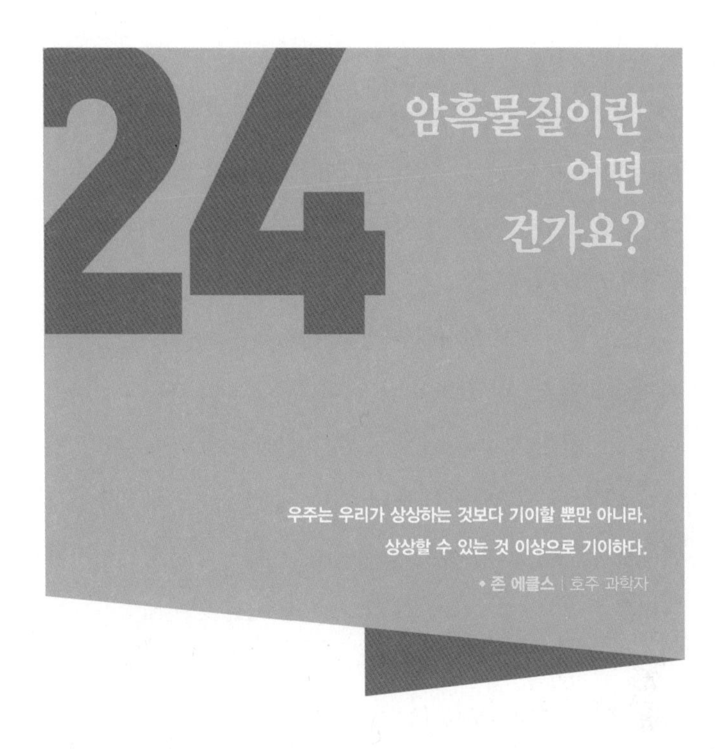

암흑물질dark matter은 우주에 널리 분포하는 물질로서, 전자기파, 즉 빛과 상호작용하지 않으면서도 질량을 가진 어떤 물질을 가리키죠. 그러니까 우리 눈에는 보이지 않는 물질이란 뜻이죠.

그러면 그 존재를 어떻게 알 수 있을까요? 암흑물질이 있는 곳에서는 그 중력 효과 때문에 주변 항성이나 은하의 운동

이 교란되기도 하고, 빛의 경로가 굽어지기도 하는데, 이 같은 간접적인 방법을 통해 그 존재를 감지할 수 있죠. 하지만 그것이 무엇인지는 아직도 전혀 파악이 되지 않고 있는 존재랍니다. 그래서 '암흑'이란 딱지를 붙인 거죠. 이를 '암흑물질 문제 dark matter problem'라 하죠.

1933년 우주론 역사상 가장 기이한 내용을 담고 있는 주장이 발표되었죠. "정체불명의 물질이 우주의 대부분을 구성하고 있다!"는 것으로, 우주 안에는 우리 눈에 보이는 물질보다 몇 배나 더 많은 암흑물질이 존재한다는 주장이었죠. 암흑물질의 존재를 인류에게 최초로 고한 사람은 스위스 출신 물리학자인 프리츠 츠비키(1898~1974)란 칼텍의 괴짜 교수였어요.

츠비키는 머리털자리 은하단에 있는 은하들의 운동을 관측하던 중, 그 은하들이 뉴턴의 중력법칙에 따르지 않고 예상보다 매우 빠른 속도로 움직이고 있다는 놀라운 사실을 발견했답니다. 그는 은하단 중심 둘레를 공전하는 은하들의 속도가 너무 빨라, 눈에 보이는 머리털자리 은하단 질량의 중력만으로는 이 은하들의 운동을 붙잡아둘 수 없다고 생각했죠. 이런 속도라면 은하들은 대거 튕겨나가고 은하단은 해체돼야 했죠. 여기서 츠비키는 하나의 결론에 도달했어요. 개별 은하들의 빠른 운동속도에도 불구하고 머리털자리 은하단이 해체되지 않고 현 상태를 유지한다는 것은 우리 눈에 보이지 않는 암흑물질이 이 은하단을 가득 채우고 있음이 틀림없다고. 머리털자리 은하단이 현 상태를 유지하려면 암흑물질의 양이 보이는 물질량보다 7배나 많아야 한다는 계산서도 나왔죠.

그러나 워낙 파격적인 주장이라 학계에서 간단히 무시되었죠. 그로부터 80여 년이 지난 현재는 어떻게 되었을까요? 전세가 대반전되었답니다! 암흑물질이 우리 우주의 운명을 결정할 거라는 데 반기를 드는 학자들은 이젠 거의 사라지고 말았죠.

결론적으로, 최신 성과가 말해주는 암흑물질의 현황은 다음과 같습니다. 우주 안에서 우리 눈에 보이는 은하나 별 등의 일반물질은 단 4%에 불과하고, 나머지 96%는 암흑물질과 암흑에너지입니다. 그중 암흑물질이 22%이고, 암흑 에너지는 74%를 차지하죠. 물질만을 친다면, 암흑물질은 우주 전체 물질의 84.6%를 차지합니다. 이것은 어찌 보면 허블의 우주팽창에 버금갈 만한 놀라운 우주의 현황이라 할 수 있죠.

암흑물질의 존재를 가장 극적으로 증명한 것은 '중력렌즈 현상'의 발견이었어요. 빛이 중력에 의해 휘어져 진행한다는 것은 질량이 시공간을 휘게 한다는 아인슈타인의 일반 상대성 이론에 의해 예측되었고, 1919년 영국의 천문학자 아서 에딩턴의 일식 관측으로 증명되었죠. 질량이 큰 천체는 주위의 시공간을 구부러지게 해서 빛의 경로를 휘게 함으로써 렌즈와 같은 역할을 하는데, 이를 중력렌즈 현상이라 하죠.

■ **암흑물질을 보여주는 아인슈타인 고리** (출처/ESA)

심우주의 은하와 지구 사이에 거대 질량체가 존재하면 그 중력에 의해 휘어진 빛의 고리가 만들어지는데, 이것을 아인슈타인 고리라 하죠. 이 고리는 휘어진 빛으로 인해 일종의 렌즈 기능을 하여 거대 질량체의 후면에 있는 은하 등이 크게 확대되어 보이죠. 중력렌즈를 통해 보면 은하 뒤에 숨어 있는 별이나 은하의 상을 볼 수 있죠. 20세기 말 관측 기술이 발달하면서 은하나 은하단에 의한 중력렌즈 효과가 속속 관측되었고, 다시 한 번 암흑물질의 존재를 확인시켜주었죠.

문제는 암흑물질이 과연 무엇으로 이루어져 있는가 하는 점이죠. 이것만 안다면 다음 노벨상은 예약해놓은 거나 마찬가지죠. 그래서 많은 학자들의 그 정체 규명에 투신하고 있지만,

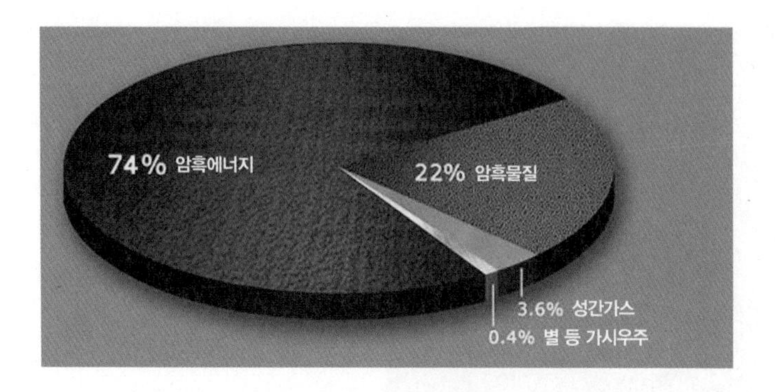

■ **우주 구성 물질 비율 그래프** (출처/wikipedia)

아직까지는 뚜렷한 단서를 못 잡고 있답니다. 암흑물질이 빛은 물론 어떤 물질과도 거의 상호작용을 하지 않는 만큼 단서를 잡아내기가 쉽지 않기 때문이죠.

현재 우주배경복사와 암흑물질 연구에서 선구적 역할을 하는 것은 윌킨슨 초단파 비등방 탐사선WMAP이죠. 이 위성은 2002년부터 몇 차례에 걸쳐 매우 정밀한 우주배경복사 지도를 작성했죠. 그 결과, 우주의 대부분은 눈에 보이지 않는 미지의 물질로 채워져 있음이 윌킨슨 탐사선에 의해 밝혀졌죠.

암흑물질은 우주의 생성 과정과도 밀접하게 연관되어 있답니다. 우리가 관측적으로 얻어낸 우주의 은하 분포는 암흑물질이 없이는 가능하지 않다는 것이 현대 우주론의 결론이죠. 은하를 만드는 과정에서 암흑물질이 중력으로 거대구조를 미리 만들지 않았다면 현재와 같은 은하의 분포를 보일 수 없다는 거죠.

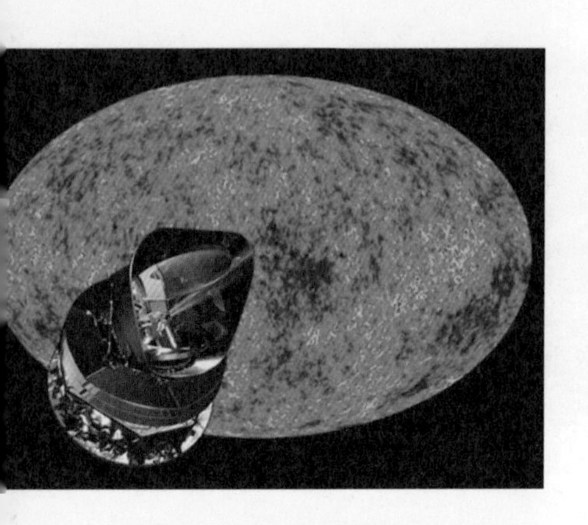

■ **암흑물질과 암흑 에너지를 추적하는 플랑크 우주망원경** (출처/NASA/ESA)

이제 암흑물질의 존재는 의심할 수 없는 것으로 굳어졌고, 문제는 암흑물질이 무엇으로 이루어져 있는가 하는 그 정체성으로 옮겨갔죠. 암흑물질의 성분은 과연 무엇인가?

암흑물질에 대한 몇 가지 예측을 살펴보면, 암흑물질이 외형적으로 검다는 점 외에 일상적인 물질과 다를 게 없다는 주장, 매우 뜨거우면서 바리온[1]이 아닌 다른 입자, 즉 뉴트리노(중성미자)와 같은 입자로 이루어져 있다는 주장, 기존의 모든 주장을 거부하면서 암흑물질은 전혀 새로운 형태의 물질이라는 주장 등이 나와 있죠. 암흑물질의 후보로 거론되는 물질 중에 질

---

1 — 중입자重粒子 또는 바리온baryon은 3개의 쿼크로 이루어진 강입자이다.

량이 크면서 다른 입자들과 상호작용을 거의 하지 않는 입자를 윔프WIMP : Weakly Interacting Massive Particles라 하는데, 암흑물질의 성질을 설명하는 자장 그럴듯한 이론으로 받아들여지고 있죠.

그러나 이런 입자가 존재한다는 것이 아직 실험을 통해 확인된 것은 아니랍니다. 다른 은하와 마찬가지로 우리은하 내부에도 암흑물질이 많이 있는데, 관측을 토대로 계산해보면 태양의 근처, 즉 지구에서 암흑물질의 밀도는 약 $1cm^3$에 수소 원자 1/3개 질량일 것으로 예상되고 있죠. 암흑물질 입자의 질량에 따라 다르지만 속도를 고려하면 대략 손톱만 한 면적으로 초당 수십만 개의 암흑물질 입자가 지나간다고 이해하면 될 겁니다. 다행스럽게도 이들이 보통의 물질을 이루고 있는 소립자들과 매우 드물게나마 반응을 하기 때문에 윔프 입자를 찾아내기 위한 실험이 현재 전 세계 많은 과학자들에 의해 진행되고 있습니다.

그런데 문제는 암흑물질이 반응하는 것을 보려면 지하 깊이 들어갈 수밖에 없다는 점이에요. 암흑물질의 반응이 워낙 드물기 때문에 극소량의 환경 방사능조차 암흑물질 탐지에 장애가 되기 때문이죠. 이 실험에 나서고 있는 나라는 미국, 유럽, 일본 등 10여 국으로, 지하 깊은 곳에 전용 지하 실험실을 마련하고, 첨단 검출기로 암흑물질의 반응에서 나오는 신호를 찾고 있죠. 우리나라에서도 서울대 김선기 교수의 윔프 입자 탐색 연구팀에 의해 우주의 비밀을 찾는 실험이 진행 중이죠. 강원도 양양의 점봉산 기슭에 있는 양양 양수발전소 지하 700m에 있는 실험실에 실험장비를 설치하여 암흑물질을 찾는 연구를 진행하고 있답니다.

■ 허블 우주망원경에 잡힌 암흑물질의 꼬리. 심우주의 은하 Cl 0024+17 주위로 검은 원형으로 보이는 것이 암흑물질이다. (출처/NASA, ESA)

암흑물질의 존재는 지구 위에 사는 인류의 존재와는 무관한 듯하지만, 암흑물질이 실제로 존재하느냐 존재하지 않느냐는 현대 우주론의 최종 운명을 결정지을 수도 있답니다. 앞으로 우주의 운명은 팽창-수축 여부를 결정할 암흑물질과 암흑 에너지에 의해 결정될 거라는 게 과학자들의 생각입니다.

우리가 빛으로 관찰할 수 있는 일반 물질의 양은 우주의 팽창을 멈출 만한 충분한 중력이 없으며, 따라서 암흑물질이 없다면 팽창은 영원히 계속되겠죠. 반대로, 우주에 암흑물질이 충분히 있다면 우주는 팽창을 멈추거나 수축(대붕괴로 이끄는)하게 될 수도 있을 겁니다. 그러나 실제로는 우주의 팽창이나 수축

여부는 암흑물질과는 다른 암흑 에너지에 의해 결정되리라는 것이 일반적인 생각이죠. 이 잃어버린 질량의 문제는 우주의 과거와 현재, 그리고 미래를 이해하기 위한 가장 핵심적인 사항이랍니다.

하지만 현재로서는 암흑물질이 무엇인지, 심지어 그것이 실제로 존재하는지조차 명확히 모르는 상태입니다. 어떤 과학자들은 중력에 대한 우리의 이해가 부족한 탓에 만들어진 환상일지도 모른다고 생각하기도 하죠. 그러나 인류의 끈질긴 탐구욕은 머지않아 암흑물질에 관한 모든 의문들을 말끔히 해소할 것으로 기대됩니다.

인류 역사의 전 기간을 통해 우리가 접한 물질은 원자가 구성하는 물질 한 가지뿐이었죠. 그런데 우주를 이루고 있는 대부분의 질량이 원자가 아닌 다른 무엇으로 이루어져 있을지도 모른다는 것은 참으로 놀라운 사실이 아닐 수 없죠. 도대체 이 낯선 물질은 무엇인가? 그것을 지배하는 법칙은 어떤 것인가? 이것이 바로 앞으로 과학이 풀어야 할 최대의 문제가 아닐 수 없죠. 두 '암흑'이 현대 천문학 최대의 화두인 셈입니다.

25 암흑 에너지란 무엇인가요?

우주는 왜 존재하는가? 인간은 왜 존재하는가? 그 해답을 발견할 수 있다면,
그것은 인간 이성의 궁극적인 승리가 될 것이다.

• 스티븐 호킹 | 영국 물리학자

WMAP 위성이 보내온 관측자료 중에서 과학자들을 가장 경악케 한 것은 암흑 에너지의 존재였답니다. 우주 안의 모든 질량에서 차지하고 있는 비율이 무려 74%라는 사실 앞에서 그들은 입을 다물지 못했죠. 우리가 관측할 수 있는 보통의 물질은 4%에 불과한데, 그나마 이 4%의 대부분은 우주 공간에 흩어져 있는 성간 먼지나 기체이고, 지구와 태양 그리고 별과 은

하를 구성하고 있는 물질은 전체 에너지의 0.4%에 지나지 않는답니다. 그리고 96%가 정체를 알 수 없는 암흑물질과 암흑 에너지에 둘러싸여 있는 것이 우리 우주의 실제상황이라는 거죠.

1990년대에 과학자들은 우주의 팽창속도가 어떻게 변하고 있는지 알아보기 위해 1a형 초신성 관측을 시작했죠. 그것은 우주에 암흑물질이 얼마나 존재하는지 알아낼 수 있는 방법이었죠. 1998년에 그들의 관측 결과가 나왔어요. 빅뱅 이후 우주는 급속히 팽창하다가 이후 잠시 팽창속도가 느려지는가 싶더니 다시 팽창속도가 빠르게 증가하고 있음을 발견했죠. 그들은 한동안 관측 결과를 믿을 수 없었어요. 그러나 관측 결과를 수없이 재확인해봐도 결과는 마찬가지였죠. 우주는 목하 가속팽창을 하고 있는 중이랍니다! 이 획기적인 사실을 발견한 두 팀의 천문학자들은 뒤에 노벨 물리학상을 받았죠.

그들이 얻은 결과에 의하면 오늘날 우주는 70억 년 전 우주에 비해 15%나 빨라진 속도로 팽창하고 있는 거죠. 그것은 질량에 작용하는 중력보다 더 큰 힘이 은하들을 밀어내고 있음을 뜻합니다. 곧, 우주 공간 자체가 에너지를 가지고 있다는 거죠. 공간이 가지고 있는 이 에너지는 우리가 지금까지 알고 있던 에너지가 아니었어요. 과학자들은 이 에너지를 암흑 에너지라

▪ 가까운 은하 NGC 4526 부근에서 빛나는 1994D 1a형 초신성. 우주가 가속팽창하고 있다는 사실을 알려주었다. (출처/NASA)

불렀죠.

이 암흑 에너지로 인해 우리는 우주 공간이 말 그대로 텅 빈 공간만은 아님을 알게 되었죠. 입자와 반입자가 끊임없이 생겨나고 스러지는 역동적인 공간으로, 이것이야말로 우주 공간의 본원적 성질임을 어렴풋이 인식하게 된 거랍니다. 이 암흑 에너지의 특징은 우주가 팽창하면 팽창할수록 점점 더 커진다는 것입니다. 그러므로 우리는 다소 따분하지만 당분간은 가속팽창하는 우주를 지켜볼 수밖에 없는 운명이죠.

1915년, 아인슈타인은 훗날 모든 우주론의 초석이 될 일반상대성 이론을 발표했습니다. 그때까지 아인슈타인의 우주론은 정적이면서도 무한히 균일한 우주였죠. 그러나 그가 얻었던 답은 정적인 우주가 아니라, 팽창하거나 수축하는 동적인 우주였어요. 중력은 언제나 인력으로만 작용하므로 은하와 별들은 결국 하나로 뭉칠 것이고, 우주의 파국은 피할 수 없다는 결론에 이르죠. 이것을 받아들일 수 없었던 아인슈타인은 결국 우주를 정적인 상태로 묶어두는 요소를 그의 중력 방정식에 덧붙였죠. 곧, 중력을 상쇄하는 척력(밀어내는 힘)을 나타내는 것으로, 이른바 우주상수였죠.

그러나 얼마 후 그는 이 생각을 바꿀 수밖에 없었어요. 1929년 허블의 우주 팽창설이 발표되었고, 이윽고 우주가 팽창한다는 사실이 대세로 굳어졌기 때문이죠. 아인슈타인은 1931년 부인과 함께 허블의 윌슨 산 천문대를 방문했죠. 그는 천문대 도서관에서 가진 기자회견에서 우주가 팽창하고 있다

는 사실을 인정하고, 자기가 우주상수를 도입했던 것은 일생일대의 실수라면서 우주상수를 폐기한다고 발표했습니다. 그러나 그로부터 70년이 지나 아인슈타인의 우주상수는 암흑 에너지를 업고 우주의 신비를 풀어줄 키워드로 다시 주목받기 시작했답니다. 과연 아인슈타인은 우주의 선지자였을까요? 과학계 일각에서는 "천재의 실패는 범인의 성공보다 낫다"는 말이 나오기도 했죠.

암흑물질과 암흑 에너지의 존재가 밝혀짐으로써 우리 인류는 우주 물질의 0.4% 위에 까치발을 하고 서서 칠흑같이 어두운 우주를 바라보는 미미한 존재임을 더욱 절감하게 되었답니다.

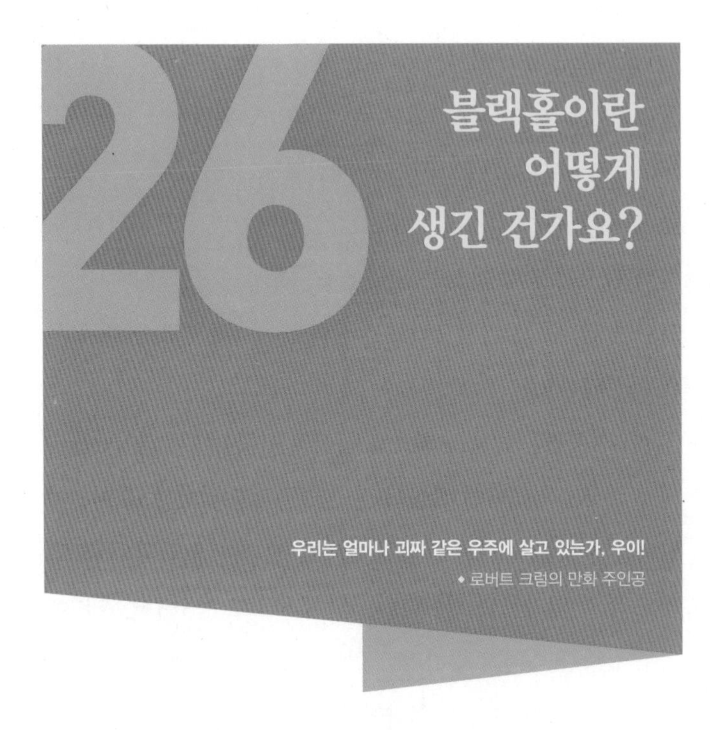

인간의 머릿속에서 태어난 블랙홀

블랙홀만큼 인기 있는 유명 천체는 없을 겁니다. '블랙홀'은 가수 이름, 카페 이름, 주식시장, 하다못해 PC방 이름으로도 애용됩니다. 하지만 단언컨대, 블랙홀에 대해 완전하게 아는 사람은 지구상에 한 사람도 없을 겁니다. 현대 천체물리학의 최대 화두가 바로 블랙홀이죠.

블랙홀은 우주에서 가장 기이하고도 환상적인 천체라 할 수 있죠. 물질 밀도가 극도로 높은 나머지 빛마저도 빠져나갈 수 없는 엄청난 중력을 가진 존재입니다. 가까이 접근하는 모든 물체를 가리지 않고 게걸스럽게 집어삼키는 중력의 감옥, 블랙홀. 모든 연령층, 모든 직업군을 아우르면서 블랙홀에 대해 크나큰 관심을 불러일으키고 상상력을 자극하는 것은 대체 무엇 때문일까요?

이 괴이쩍은 존재는 최초로 인간의 머릿속에서 태어났습니다. 1783년, 천문학에 관심이 많던 영국의 지질학자 존 미첼이 밤하늘의 별을 보면서 엉뚱한 생각을 합니다. 뉴턴의 중력 법칙과 빛의 입자설을 결합하여, "별이 극도로 무거우면 중력이 너무나 강한 나머지 빛마저도 탈출할 수 없게 되어 빛나지 않는 검은 별이 될 것이다." 이것이 블랙홀 개념의 첫 씨앗이었죠. 미첼은 이런 생각을 쓴 편지를 왕립협회로 보냈습니다.

"만약 태양과 같은 밀도를 가진 어떤 구체의 반지름이 태양의 500분의 1로 줄어든다면, 무한한 높이에서 그 구체로 낙하하는 물체는 표면에서 빛의 속도보다 빠른 속도를 얻게 될 것이다. 따라서 빛이 다른 물체들과 마찬가지로 관성량에 비례하는 인력을 받게 된다면,

그러한 구체에서 방출되는 모든 빛은 구체의 자체 중력으로 인해 구체로 되돌아가게 될 것이다."

그러나 당시 과학자들은 이론적인 것일 뿐, 그런 별이 실재하지는 않을 거라 생각하고 무시했죠. 이러한 검은 별 개념은 19세기 이전까지도 거의 무시되었는데, 그때까지 빛의 파동설이 우세했기 때문에 질량이 없는 파동인 빛이 중력의 영향을 받을 것이라고는 생각하기 힘들었기 때문이죠.

블랙홀 등장, 백조자리 X-1

그로부터 130년이 훌쩍 지난 1916년, 아인슈타인이 우주를 기술하는 뉴턴 역학을 대체하여 시간과 공간이 하나로 얽혀 있음을 보인 일반 상대성 이론을 발표한 직후, 검은 별 개념은 새로운 활력을 얻어 재등장했답니다. 일반 상대성 이론은 중력을 구부러진 시공간으로 간주하며, 질량을 가진 천체는 주변 시공간을 휘게 만든다는 이론이죠.

독일의 카를 슈바르츠실트가 아인슈타인의 중력장 방정식을 별에 적용해서 방정식의 해를 구했죠. 그 결과 별이 일정한 반지름 이하로 압축되면 빛마저 탈출할 수 없는 강한 중력

■ **제트를 내뿜는 블랙홀. 우리은하 중심에서도 거대질량 블랙홀이 발견되었다.** (출처/ NASA/ GSFC)

이 생기고, 그 중심에는 모든 물리법칙이 통하지 않는 특이점이 나타난다는 것을 알았어요. 이것을 오늘날 슈바르츠실트 반지름이라고 부르죠. 이는 어떤 물체가 블랙홀이 되려면 얼마만한 반지름까지 압축되어야 하는가를 나타내는 반지름 한계치랍니다.

이에 대해 아인슈타인은 "슈바르츠실트 반지름은 수학적 해석일 뿐, 실재하지 않는다는 것을 내 연구는 보여준다"면서 인정하지 않았어요. 그러나 그 뒤 핵물리학이 발전하여 충분한 질량을 지닌 천체가 자체 중력으로 붕괴한다면 블랙홀이 될 수 있다는 예측을 내놓았고, 이 예측은 결국 강력한 망원경으로 무장한 천문학자들에 의해 관측으로 입증되었죠. 1963년 미국 팔로마 산 천문대는 심우주에서 유독 밝게 빛나는 천체를 발견했는데, 그것이 검은 별의 에너지로 형성된 퀘이사임을 확인했죠. 오로지 상상 속에서만 존재하던 검은 별이 2세기 만에 마침내 실마리를 드러낸 거죠.

사실 이전에는 '블랙홀'이란 이름조차 없었어요. 대신 '검은 별', '얼어붙은 별', '붕괴한 별' 등 이상한 이름으로 불려왔죠. 블랙홀이란 용어를 최초로 쓴 사람은 미국 물리학자 존 휠러로, 1967년에야 처음으로 일반에 소개되었으며, 블랙홀의 실체가 발견된 것은 1971년이었습니다. 그 존재가 예측된 지 거의 200년이 지나서야 이름을 얻고 실체가 확인된 셈이죠.

1971년 NASA의 X-선 관측위성 우후루는 블랙홀 후보로 백조자리 X-1을 발견했습니다. 강력한 X-선을 방출하는 이것이 과연 블랙홀인가를 놓고 이론이 분분했는데, 급기야는 과학자들 사이에 내기가 붙었죠. 1974년 스티븐 호킹과 킵 손 사이에 벌어진 내기에서 호킹은 백조자리 X-1이 블랙홀이 아니라는 데에 걸었고, 킵 손 교수는 그 반대에 걸었습니다. 지는 쪽이 성인잡지 〈펜트하우스〉 1년 정기구독권을 주기로 했죠. 1990년 관측자료에서 특이점의 존재가 입증되자 호킹은 내기에 졌음을 인정하고 잡지 구독권을 킵 손에게 보냈는데, 그 일로 킵 손 부인에게 엄청 원성을 샀다고 합니다.

2005년에는 우리은하 중심에서도 블랙홀이 발견되었는데, 최신 관측자료에 의하면 전파원 궁수자리 A*(궁수자리 A별)가 태양 질량의 430만 배인 초대질량 블랙홀임이 밝혀졌어요.

영화 〈인터스텔라〉 제작에 자문역으로 참여하기도 했던 킵 손은 2015년 9월 14일, 블랙홀 존재를 결정적으로 입증한 LIGO[1]의 블랙홀 중력파 검출로 2017년 노벨 물리학상을 받았죠. 블랙홀 연구에 큰 업적을 남긴 호킹은 노벨상을 받지 못해 안타깝게도 킵 손에게 두 번이나 패배한 형국이 되었죠.

블랙홀 존재, 어떻게 알 수 있나?

블랙홀은 엄청난 질량을 갖고 있지만 덩치는 아주 작습니다. 그만큼 물질밀도가 극도로 높다는 뜻이죠. 예컨대 태양이 블랙홀이 되려면 얼마나 밀도가 높아야 할까요? 슈바르츠실트 반지름의 해 공식으로 구해보면, 70만km인 반지름이 3km까지 축소되어야 하며, 밀도는 자그마치 1cm³에 200억 톤의

1— 레이저 간섭계 중력파 관측소(Laser Interferometer Gravitational-Wave Observatory/ LIGO). 미국 워싱턴주 핸포드와 루이지애나주 리빙스턴에 있는 중력파 관측 시설.

질량이 됩니다. 각설탕 하나 크기가 그만한 무게가 나간다는 얘기죠. 지구가 블랙홀이 되려면 반지름이 우리 손톱 정도인 0.9cm로 작아져야 합니다.

이처럼 초고밀도의 블랙홀은 중력이 극강이어서 어떤 것도 블랙홀을 탈출할 수가 없죠. 지구 탈출속도는 초속 11.2km이며, 빛의 초속은 30만km죠. 블랙홀의 중력이 너무나 강해 탈출속도가 30만km를 넘기 때문에 빛도 여기서 탈출할 수가 없는 거죠. 따라서 우리는 블랙홀을 볼 수가 없어요. 그런데 과학자들은 블랙홀의 존재를 확인할 수가 있답니다. 어떻게? 블랙홀이 주변의 가스와 먼지를 강력히 빨아들일 때 방출하는 X-선 복사로 그 존재를 탐색할 수 있죠.

우리은하 중심부에 있는 초대질량 블랙홀은 두터운 먼지와 가스로 뒤덮여 있어 X-선 방출을 가로막고 있죠. 물질이 블랙홀로 빨려들어갈 때 블랙홀의 사건 지평선 입구에서 안으로 들어가지 않고 스쳐 지나는 경우도 있어요. 블랙홀이 직접 보이지는 않지만, 물질이 함입될 때 발생하는 강력한 제트 분출은 아주 먼 거리에서도 볼 수 있답니다.

1958년에 미국 물리학자 데이비드 핀켈스타인이 블랙홀의 사건 지평선 개념을 처음으로 선보였죠. 사건 지평선이란

■ **동반성을 잡아먹는 블랙홀. 트림 같은 제트를 내뿜는다.** (출처/NASA)

외부에서는 물질이나 빛이 자유롭게 안쪽으로 들어갈 수 있지만, 내부에서는 블랙홀의 중력에 대한 탈출속도가 빛의 속도보다 커서 원래의 곳으로 되돌아갈 수 없는 경계를 말합니다. 말하자면 블랙홀의 일방통행 구간의 시작점이죠. 어떤 물체가 사건의 지평선을 넘어갈 경우, 그 물체에게는 파멸적 영향이 가해지겠지만, 바깥 관찰자에게는 속도가 점점 느려져 그 경계에 영원히 닿지 않는 것처럼 보인답니다.

블랙홀은 특이점과 안팎의 사건 지평선으로 구성되죠. 특이점이란 블랙홀 중심에 중력의 고유 세기가 무한대로 발산하는 시공간의 영역으로, 여기서는 물리법칙이 성립되지 않습니다. 즉, 사건의 인과적 관계가 보장되지 않는다는 뜻이죠. 이 특이점을 둘러싸고 있는 것이 안팎의 사건 지평선으로, 바깥 사건 지평선은 물질의 탈출이 가능한 경계지만, 안쪽의 사건 지평선은 어떤 물질이라도 탈출이 불가능한 경계입니다.

또한 블랙홀은 그 안에 무엇이 들어 있는지 밖에서는 전혀 알 수 없는 존재죠. 그 안에 무엇을 던져넣든, 블랙홀이 어떤 과정으로 만들어졌든 블랙홀은 항상 똑같아 보입니다. '블랙홀 작명가'인 존 휠러는 이를 가리켜 "블랙홀에는 머리카락이 없다A black hole has no hair"라고 표현했죠. 그는 또 다음과 같은 블랙홀 인상기를 남겼어요. "블랙홀은 공간이 종잇장처럼 구겨져 무한소의 점으로 축소될 수 있고, 시간은 사그라드는 불씨처럼 꺼질 수 있으며, 우리가 불변의 신성한 진리로 여기는 물리법칙들이 아무것도 아닐 수 있다는 사실을 가르쳐준다."

블랙홀, 화이트홀, 웜홀

1964년, 이론 물리학자 존 휠러가 최초로 블랙홀이라는 단어를 대중에게 선보인 데 이어 1965년에는 러시아의 이론 천체물리학자 이고르 노비코프가 블랙홀의 반대 개념인 화이트

홀이라는 용어를 만들었죠. 만약 블랙홀이 모든 것을 집어삼킨다면 언젠가 우주 공간으로 토해낼 수 있는 구멍도 필요하지 않겠는가 하는 것이 이 화이트홀 가설의 근거죠. 말하자면 블랙홀은 입구가 되고 화이트홀은 출구가 되는 셈이죠.

이렇게 블랙홀과 화이트홀을 연결하는 우주 시공간의 구멍을 웜홀(벌레구멍)이라 합니다. 말하자면 두 시공간을 잇는 좁은 통로로, 우주의 지름길이라 할 수 있죠. 웜홀을 지나 성간여행이나 은하 간 여행을 할 때, 훨씬 짧은 시간 안에 우주의 한쪽에서 다른 쪽으로 도달할 수 있다는 거죠. 웜홀은 벌레가 사과 표면의 한쪽에서 다른 쪽으로 이동할 때 이미 파먹은 구멍으로 가면 더 빨리 간다는 점에 착안하여 지어진 이름이랍니다.

하지만 화이트홀의 존재가 증명된 바는 없으며, 블랙홀의 기조력 때문에 진입하는 모든 물체가 파괴되어서 웜홀을 통한 여행은 수학적으로만 가능할 뿐입니다. 그래서 스티븐 호킹도 웜홀 여행이라면 사양하고 싶다고 말한 적이 있답니다.

어쨌든 블랙홀의 현관 안으로 들어갔던 물질이 다른 우주의 시공간으로 다시 나타난다는 아이디어는 그다지 놀랄 만한 것은 아니지만, 여기에서 무수한 공상과학 스토리가 탄생했습니다. 〈닥터 후Doctor Who〉, 〈스타게이트Stargate〉, 〈프린지Fringe〉 등 끝이 없을 정도죠.

이런 얘기들은 하나같이 등장인물들이 우리 우주와 다른 우주 또는 평행우주를 여행한다는 줄거리로 되어 있죠. 그러한 우주는 수학적으로 성립되는 가공일 뿐으로, 그 존재에 대한 증거는 아직까지 하나도 밝혀진 것이 없답니다.

그러나 어떤 의미에서 시간여행이 현실적으로 불가능하다는 얘기는 아닙니다. 만약 우리가 엄청난 속도로 여행하거나, 또는 블랙홀 안으로 떨어진다면 외부 관측자의 눈에는 시간의 흐름이 아주 느리게 보일 겁니다. 이것을 중력적 시간지연이라 하죠. 이 효과에 의해 블랙홀로 낙하하는 물체는 사건 지평선에 가까워질수록 점점 느려지는 것처럼 보이고, 사건 지평선에 닿기까지 걸리는 시간은 무한대가 됩니다. 즉, 사건 지평선에 닿는 것이 외부에서는 관찰될 수 없죠. 외부의 고정된 관찰자가 보면 이 물체의 모든 과정은 느려지는 것처럼 보이기 때문에, 물체에서 방출되는 빛도 점점 파장이 길어지고 어두워져서 결국 보이지 않게 됩니다.

아인슈타인의 특수 상대성 이론에 따르면, 빠르게 운동하는 시계의 시간은 느리게 갑니다. 2014년의 영화 〈인터스텔라〉는 블랙홀 근처에서 일어나는 이러한 현상을 보여주었죠. 우주비행사 쿠퍼가 시간여행을 할 수 있었던 것은 그 때문이죠.

블랙홀의 사건 지평선 안에는 실제로 어떤 것이 있을까란 문제는 여전히 뜨거운 논쟁거리가 되고 있답니다. 블랙홀 내부를 이해하기 위해 끈 이론, 양자 중력 이론, 고리 양자중력, 거품 양자 등등 현대 물리학의 거의 모든 이론들이 참여하고 있죠.

기존의 고전역학에서 볼 때 빛까지도 블랙홀의 중력장에서 벗어날 수가 없다는 결론을 내렸지만, 양자역학으로 오면 사정이 좀 달라집니다. 블랙홀도 무언가를 조금씩 내놓을 수 있는 것으로 나오죠.

1970년대 영국의 물리학자 스티븐 호킹은 블랙홀이 양자요동quantum fluctuation으로 인해 무언가를 내놓는다는 것을 보여주는 이론을 완성했습니다. 양자론에 따르면, 아무것도 없는 진공에서 난데없이 입자와 반입자로 이루어진 가상입자 한 쌍이 나타날 수 있으며, 이 한 쌍은 매우 짧은 시간 존재하다가 쌍소멸됩니다. 대부분의 상황에서 이들 입자 쌍은 관측하기 힘들 정도로 매우 빠르게 생겼다가 소멸하는데, 이를 양자요동 또는 진공요동이라 하죠. 과학자들은 실제로 양자요동의 존재를 실험적으로 확인했답니다.

양자요동 가운데 하나가 블랙홀의 사건 지평선 근처에서

일어난다면, 한 쌍의 입자가 사건 지평선 근처에서 생겨날 때는 블랙홀의 강한 기조력 때문에 헤어지기 쉽습니다. 즉, 두 입자 중 하나는 지평선을 가로질러 떨어지는 반면, 다른 하나는 밖으로 탈출하는 일이 발생할 수도 있다는 거죠. 탈출한 입자는 블랙홀에서 에너지를 가지고 나간 것으로, 이 과정이 반복적으로 일어나면 외부의 관측자는 블랙홀에서 나오는 빛의 연속적인 흐름을 보게 됩니다.

호킹의 주장에 따르면, 이 같은 양자요동 효과 때문에 블랙홀이 빛을 방출합니다. 이를 블랙홀 증발이라 하고, 이때 빠져나오는 빛을 호킹 복사라 하죠. 그래서 호킹은 '블랙홀이 실제로는 완전히 검지 않다'는 말로 이 현상을 표현했죠. 호킹의 이론대로 블랙홀이 계속 증발한다면, 수조 년의 시간이 흐르면 결국 블랙홀 자체가 완전히 사라질 수도 있다는 얘기가 되죠.

블랙홀에서는 질량과 전하, 각운동량 외에는 아무 정보도 얻을 수 없어요. 그래서 흔히들 "블랙홀에는 세 가닥 털밖에 없다"고 말하죠. 이처럼 인류는 아직까지 블랙홀에 대해 아는 것보다 모르는 것이 더 많답니다. 따라서 블랙홀은 새로운 사실이 밝혀질 때마다 일반의 관심을 고조시키며 21세기 천문학과 물리학에서도 여전히 화두가 될 것으로 보입니다.

27 내가 만약 블랙홀 안으로 떨어지면 어떻게 될까요?

우리가 알고 있는 물리적 사실들이 혹 모두 환영에 불과한 것이 아닐까?

• 존 휠러 | 미국 물리학자

답을 먼저 드릴게요. 당신은 순식간에 '가락국수'가 될 겁니다.

블랙홀에 관해서 사람들이 공통적으로 가장 궁금하게 여기는 것은 만약 내가 블랙홀 안으로 떨어진다면 어떻게 될까 하는 문제입니다. 좀 무시무시한 상상이긴 하지만, 한번 알아보도록 하죠.

가장 널리 알려진 이론이 바로 스파게티화spaghettification입니다. 블랙홀의 사건 지평선을 넘어서자마자 모든 사물은 가락국수처럼 길게 늘어져버린다는 얘기죠. 블랙홀의 가공스런 중력이 당신 몸의 각 부분에 작용하면서 그 힘의 차이, 곧 조석력으로 인해 몸이 길게 잡아늘여지기 때문이죠.

지구에서는 중력의 크기가 지금 당신의 키만큼 유지해주고 있는 정도지만 블랙홀의 경계, 곧 사건 지평선 안으로 떨어지면 사정은 좀 달라지죠. 먼저 당신의 발이 블랙홀로 접근한다고 상상해봅시다. 그러면 당신의 몸은 길이 방향으로 사정없이 늘어나게 되는데, 블랙홀의 엄청난 중력이 머리보다는 발 쪽에 더 강하게 작용합니다. 발끝과 머리에 가해지는 중력의 차이, 곧 조석력은 지구의 총중력과 맞먹게 되죠. 이 상황에서는 마치 두 대의 대형 크레인이 당신의 머리와 발을 잡고 힘껏 끌어당기는 꼴이나 비슷합니다.

인체는 정상적인 힘을 받을 때 부러지지 않는 한 그렇게 많이 늘어나지 않습니다. 인간이 생존할 수 있는 최고 가속 기록은 지구 중력의 약 179배랍니다. 그것도 아주 잠시, 충돌 때의 수치일 뿐이죠. 따라서 블랙홀의 조석력은 인간에게 치명적이죠. 블랙홀 안으로 떨어진 모든 물체는 블랙홀 중심에 이르기 전에 가락국수처럼 한정없이 늘어지다가 마침내는 낱낱의 원자 단위로 분해되고 말 겁니다. 이것이 바로 과학자들이 말하는 블랙홀의 스파게티화라고 불리는 현상이죠.

만약 블랙홀이 지구 턱 밑에 불쑥 나타나 지구가 고스란히 블랙홀에 붙잡혀서 그 안으로 곤두박질친다면 그 다음에는 무슨 일이 벌어질까요? 당연한 일이지만, 우리 몸이나 지구가 블랙홀 안으로 떨어진 때는 별로 차별대우를 받지 않는답니다. 즉각적으로 블랙홀의 강력한 조석력이 덤벼들어 공평한 스파게티 대접을 받게 되죠. 블랙홀 쪽에 가까운 지구 부분은 상대적으로 더욱 강한 조석력을 받아 흙과 암석 스파게티가 될 거고, 지구 행성 전체는 종말을 맞겠죠. 사람은 더 말할 것도 없겠죠.

하지만 초질량 블랙홀이 사건 지평선 안으로 우리를 끌어들여 삼키기 직전 잠깐 동안 나타날 광경을 우리는 볼 수 없을지도 모릅니다. 일단 사건 지평선 안으로 들어가면 빛알갱이 하나도 바깥으로는 탈출할 수 없으니까, 어떤 존재도 지구나 인간의 운명을 지켜볼 수조차 없죠. 외롭겠지만, 인간과 지구는 스파게티가 되어 한정없이 블랙홀의 중심, 특이점으로 떨어져 내릴 겁니다. 그것을 멈출 수 있는 존재는 우주 안 어디에도 없죠. 하지만 지구와 인간이 블랙홀 안에서 낱낱이 분해되기까지 걸리는 시간이 겨우 10분의 1초밖에 안 된다는 사실이 조금은 위안이 될 수 있을는지 모르겠네요.

유레카!
블랙홀, 마침내 사진으로 잡혔다!

블랙홀이 어둠 속에서 마침내 모습을 드러냈다. 그 존재가 예견된 지 1세기가 넘도록 모습을 드러내지 않고 있던 우주의 괴물 블랙홀이 역사상 최초로 인류의 시야에 잡혔다. 극한의 중력으로 빛마저 탈출할 수 없는 시공의 구멍은 이로써 그 기괴한 정체를 서서히 드러낼 것으로 보인다.

역사적인 블랙홀 촬영에 성공한 사건 지평선 망원경EHT : Event Horizon Telescope 프로젝트를 총괄한 하버드 대학과 하버드-스미소니언 천체물리학 센터 소속의 셰퍼드 도엘레만은 2019년 4월 10일, "우리는 볼 수 없다고 생각하던 것을 보았다"고 워싱턴 DC의 내셔널 프레스 클럽에서 열린 기자회견에서 말했다.

이날 공개된 4개의 이미지는 M87 타원은하 중심에 숨어 있는 블랙홀의 윤곽을 잡아낸 것이다. 그 이미지는 자체만으로도 충분히 충격적인 것이지만, 더 중요한 것은 후속 연구에서 더욱 놀라운 결

▪ 지구 크기의 전파간섭계를 구성해 잡아낸 초대질량 블랙홀 M87의 모습. 중심의 검은 부분은 블랙홀(사건 지평선)과 블랙홀을 포함하는 그림자이고, 고리의 빛나는 부분은 블랙홀의 중력에 의해 휘어진 빛이다. (출처/EHT Collaboration)

과들이 도출될 것이란 점이라고 연구원은 밝혔다. 이번에 최초로 이미지를 잡아낸 블랙홀은 지구에서 5,500만 광년 거리에 있는 처녀자리 은하단에 속한 M87이란 타원은하의 초대질량 블랙홀로, 태양 질량의 65억 배, 지름은 160억km에 달한다.

빛마저도 탈출할 수 없는 블랙홀은 우리가 눈으로 볼 수도 없고 내부를 촬영하는 것도 불가능하다. 그래서 EHT는 블랙홀의 어두운 실루엣을 추적하여 사건 지평선을 이미지화한다. 연구진은 EHT로 블랙홀의 그림자를 먼저 관찰하고, 슈퍼컴퓨터를 이용해 원본 데이터를 최종 영상으로 변환했다. 이후 독일 막스플랑크 전파천문학연구소 등에 위치한 슈퍼컴퓨터를 이용해 EHT의 원본 데이터를 역추적했다. 그 결과 연구진은 M87 블랙홀의 그림자가 약 400억km이며, 블랙홀의 크기(지름)는 그림자에 비해 약 40% 정도인 것으로 측정했다. 애리조나 대학의 천문학 부교수로 이 프로젝트에 참여하고 있는 댄 마로네는 스페이스닷컴과의 인터뷰에서 "우리는 잃어버린 광자(빛)를 찾아냈다"고 말했다.

이 프로젝트는 그동안 두 개의 블랙홀, 즉 태양 질량의 약 65억 배인 M87 거대 블랙홀과 궁수자리 A*로 알려진 우리은하의 중심

블랙홀을 면밀히 조사했다. 우리은하 블랙홀 역시 거대 질량이지만 M87의 블랙홀과 비교하면 갓난아기에 불과한 태양 질량의 430만 배에 지나지 않는다.

이 두 대상은 모두 지구로부터의 엄청난 거리에 있다. 궁수자리 A*은 우리로부터 약 26,000광년 떨어져 있으며, M87은 5,350만 광년 떨어져 있다. 궁수자리 A*의 사건 지평선은 "너무나 작아 우리가 보기에는 달 표면에 놓인 오렌지를 보는 거나 뉴욕시에서 로스앤젤레스 가판대의 신문을 읽는 거나 비슷하다"고 비유한다. 따라서 지구상에 있는 어떤 망원경으로도 관측이 불가능하다는 얘기다. 여기서 지구 크기의 망원경 구축이라는 아이디어가 나왔다. EHT 연구진은 미국 애리조나, 스페인, 멕시코, 남극 대륙 등 세계 곳곳의 8개 전파망원경을 연결, 지구 규모의 가상 망원경을 구성해 2017년 4월 총 9일간 M87을 관측, 이 같은 성과를 냈다.

그렇다면 이 같은 최초의 블랙홀 이미지가 지닌 의미는 무엇일가? EHT 팀원들과 외부 과학자들은 이번 결과는 아인슈타인의 일반 상대성 이론을 궁극적으로 증명하는 것으로, 과학사에 한 획을 그은 사건이라는 데 의견일치를 보고 있다. 마로네 박사는 1968년 12월 아폴로 8호 우주비행사 빌 앤더스가 찍은 유명한 사진 '지구돋이'가 인류에게 우주 속에 떠 있는 연약한 지구의 모습을 보여줌으로써 환경운동에 박차를 가한 사례를 인용하면서, 블랙홀 이미지는 우주에서 우리 자신과 우리의 위치에 대해 생각하는 방식을 바꿀 수 있다고 강조했다.

28 타임머신 타고 시간여행 할 수 있을까요?

열은 차가운 물체에서 뜨거운 물체로 이동할 수 없다.
이것이 시간의 화살이 역행하지 못하는 이유로,
물리학에서 과거와 미래를 구분하는 유일한 법칙이다.

◆ 카를로 로벨리 | 이탈리아 물리학자

먼저 시간여행을 정의해보죠. 우리가 차를 타고 공간을 옮겨가듯이 타임머신 같은 것을 타고 과거나 미래의 시간으로 가는 것을 시간여행이라고 하는데, 이게 과연 가능할까요?

우선 시간이란 무엇인가부터 생각해봅시다. 양자론에 들어가면 시간을 여러 가지로 해석하기도 하지만, 가장 알기 쉽게 생각하자면 물질의 변화를 재는 척도라고 볼 수 있죠. 이는 결국 원자나 전자의 운동에 연결된 것이라 할 수 있는데, 만약 우주에 물질이 전혀 없고 따라서 어떤 운동도 일어나지 않는다면 시간이란 존재하지 않게 됩니다. 우주가 종말을 맞아 어떤 에너지의 이동도 사라진다면 그때는 시간도 종말을 맞는 거죠.

그런데 이 시간을 작동하는 가장 근본적인 요소는 열heat이랍니다. 어떤 체계를 구성하는 원자의 무질서한 정도를 나타내는 무질서도를 엔트로피라 하는데, 이것은 비가역적으로 항상 증가하는 방향으로만 흐르죠. 이것을 정식화한 것이 바로 엔트로피 증가의 법칙으로, 열역학 제2법칙이라 하죠. 열역학 제1법칙은 에너지 보존의 법칙으로, 우주에 존재하는 에너지 총량은 일정하며 절대 변하지 않는다는 겁니다. 독립된 한 계에서도 마찬가지죠.

열이 에너지의 일종이라는 사실이 밝혀진 것도 200년이 채 되지 않았어요. 그전에는 열은 더운 곳에서 찬 곳으로 흐르는, 눈에 보이지 않는 유체인 열소로 이루어졌다고 생각했죠. 현대에 와서는 열은 일반적으로 온도의 차이로 인해 전달되는 에너지의 형태나 저항에 의해 생성되는 에너지의 형태로 정의됩니다.

그런데 이 열이 가진 가장 중요하고도 흥미로운 특성은 언제나 높은 온도에서 낮은 온도 쪽으로만 흐른다는 것입니다. 저절로 그 반대쪽으로 흐르는 일은 결코 없죠. 이 비가역성이 바로 시간이 뒤로 흐를 수 없고, 우주가 종말을 맞을 수밖에 없는 이유랍니다.

열 흐름의 비가역성으로 인해 엔트로피는 항상 증가하죠. 고립계가 아닌 계의 엔트로피가 감소하는 경우도 있긴 해요. 예컨대, 에어컨은 방 안 공기를 차갑게 해주어서 공기의 엔트로피를 감소시킵니다. 하지만 에어컨이 작동함에 따라 흡수되는 열은 더 많은 양의 엔트로피를 생성하죠. 따라서 전체 계의 총 엔트로피는 어김없이 증가합니다. 이처럼 엔트로피는 무질서 정도의 척도이므로, 우주는 결국 보다 무질서한 상태를 향해 줄기차게 가고 있다고 볼 수 있답니다.

인간이 자연에서 얻는 에너지는 언제나 물질계의 엔트로피가 증가하는 방향으로 일어나는데, 우주의 전체 에너지 양은 일정하고 우주를 원자의 집합으로 볼 때, 그 질서정연한 배열이 해체되어 점차로 확산, 평균화되는 방향으로 가는 것을 엔트로피 증가의 법칙이라 하죠. 시간의 화살이 왜 앞으로만 흐르느냐는 오랜 질문에 대한 답은 바로 엔트로피의 법칙이 말해주고 있습니다. 열역학 제2법칙은 그래서 모든 자연의 자발적

방향성을 나타내는 자연계 최고의 법칙이라 할 수 있답니다.

이 법칙을 처음 정식화한 사람은 1865년 독일 물리학자 루돌프 클라우지우스로, 이 물리량을 변화를 뜻하는 그리스어에서 따와 엔트로피라 이름했죠. 클라우지우스가 제안한 엔트로피(S)는 열량(Q)을 절대온도(T)로 나눈 값(S=Q/T)이죠. 열량이란 물체가 가지고 있는 열에너지를 말합니다.

이 법칙은 실제로는 통계적인 것으로, 통계역학에서는 어떤 체계를 구성하는 원자의 무질서한 정도를 결정하는 양으로서 주어집니다. 엔트로피는 물질계의 열적 상태로부터 정해진 양으로서, 통계역학의 입장에서 보면 열역학적인 확률을 나타내는 양이죠. 다시 말하면, 엔트로피 증가의 원리는 분자운동이 낮은 확률의 질서 있는 상태로부터 높은 확률의 무질서한 상태로 이동해가는 자연현상이라는 거죠.

자연은 늘 확률이 높은 쪽으로 움직입니다. 예를 들면, 마찰에 의해 열이 발생하는 것은 역학적 운동(분자의 질서 있는 운동)이 열운동(무질서한 분자운동)으로 변하는 과정이죠. 그 반대의 과정은 무질서에서 질서로 옮겨가는 과정이며, 이것은 결코 자발적으로 일어나지 않는답니다.

만약 원숭이를 컴퓨터 앞에 앉혀 키보드를 두드리게 하더

라도 <종의 기원>이 나올 수는 있어요. 그러나 그 확률은 그야말로 0에 가깝겠죠. 자연이 어떻게 움직일까는 너무나 자명하죠. 이처럼 어떤 상황이 벌어질 때 경우의 수가 많은 사건이 적은 사건보다 잘 일어나게 됩니다.

엔트로피도 달리 말하면 세상의 여러 현상들이 확률적으로 마지막 상태에 도달할 수 있는 방법이 많은 정도라고 할 수도 있어요. 사건은 엔트로피가 큰 쪽으로 일어나게 마련이죠. 이런 상태를 우리는 '엔트로피가 크다'고 말하죠. 세상을 그대로 두면 무질서도가 증가하는 것과 같은 이치죠.

열역학 제1법칙이 우주가 일을 할 수 있는 능력은 항상 일정함을 의미하는 데 비해, 열역학 제2법칙은 우주의 엔트로피가 항상 증가하므로, 결국 우주에서 사용 가능한 에너지가 줄어들고 있음을 뜻합니다. 따라서 우주는 궁극적으로 최대 엔트로피 상태, 즉 사용 가능한 에너지가 완전히 고갈되어 더이상 아무런 활동도 일어나지 않는 상태로 갑니다. 열평형 상태죠. 곧, 온 우주의 온도가 같아지는 상태인 열 죽음heat death으로 우주는 종말을 맞습니다. 우리가 매일 라면 물을 끓일 때 쓰는 열이 바로 자연의 비가역성과 시간의 방향성을 결정하는 결정적 존재이며, 우리가 삶을 영위해가는 모든 행위가 우주의 무질서도를 높인다는 사실을 엔트로피 증가의 법칙이 말해주는 거죠.

그러면 시간여행의 가능성에 대한 결론을 알아봅시다. 타임머신이란 말이 최초로 등장한 것은 1895년 영국의 허버트 조지 웰스가 쓴 〈타임머신〉이라는 소설에서였죠. SF 작가이자 문명비평가로 〈세계 문화사 대계〉, 〈우주전쟁〉 등을 쓰기도 한 웰스는 소설에서 공간이동이 아니라 시간이동을 하는 소설적 소도구 타임머신을 가상의 장치로 등장시켰죠. 이후 수많은 SF 소설과 영화 등에서 타임머신은 인기 품목이 되었지만, 실제로 이것을 타고 과거나 미래로 시간여행을 할 수 있는가는 또 다른 문제죠. 영화에서의 타임머신은 시간을 빨리 감거나 되감는 방식으로 작동하여 시간여행자가 주위의 풍경이 급속히 변하면서 미래나 과거로 가는 과정을 볼 수 있었지만 최근에는 자주 쓰이지 않고, 주로 4차원 공간 등을 통해 곧바로 이동하는 방식이 쓰인답니다.

상대성 이론에 따라 광속에 가까운 속도로 우주여행을 한다면 시간여행을 경험할 수도 있답니다. 그 같은 우주여행에서 돌아오면 지구는 이미 수백 년이 흘러, 좁은 행성에서 수백 개의 나라로 갈라져 아웅다웅 다투면서 살던 인류가 세계정부를

■ 영화 〈스타 트렉〉에 나온 우주함선 USS 엔터프라이즈 호. 초광속 워프 항법으로 우주를 누비는 걸로 설정되었다. 스미소니언 항공우주박물관에 전시되고 있다. (출처/NASA)

만들어 원숙한 정치구조 속에서 평화로운 삶을 누리는 곳이 되었을 수도 있겠죠. 우주선에 탄 사람의 입장에서 본다면 미래를 앞쪽으로 끌어당겨 보는 셈이겠지만, 일방통행인 이걸 타임머신이라 하기는 어려울 겁니다.

〈스타 트렉Star Trek〉에 나오는 초광속 워프 항법으로 공간을 이동하거나, 웜홀 같은 것을 통해 한순간에 먼 곳으로 가거나 과거로 돌아갈 수 있다고 주장하는 사람들도 있죠. 하지만 만약 과거로 갈 수 있다고 한다면, 현재시간에 나와 맞서는 한 악당이 과거로 돌아가 나의 부모도 죽일 수 있다는 건데, 그렇다면 어찌 현재의 내가 존재할 수 있겠어요? 이건 모순이죠. 게

다가 시간여행이 가능하다면 먼 미래로부터 수많은 시간여행객들이 고풍스러운 우리 세계를 관광하러 방문했을 텐데, 그런 관광객들이 우리 경제에 보탬이 되었다는 말을 들어본 적이 과연 있었나요? 그러니까 타임머신이니 시간여행이니 하는 것은 영화, 소설로나 즐기고 다른 생산적인 데에 눈을 돌리는 것이 훨씬 현명하지 않을까요?

우주여행을 하면 나이를 늦게 먹을까?

시간지연의 예화로 유명한 것이 쌍둥이 역설이다. 머리로 하는 사고실험의 고수 아인슈타인이 시간지연을 설명하기 위해 꾸며낸 얘기다.

쌍둥이 중 동생은 지구에 남고 형은 광속에 가까운 속도의 우주선을 타고 A별로 우주여행을 하고 돌아오는 상황을 가정해보자. 지구에 남아 있는 동생의 입장에서는 광속으로 여행 중인 형의 시간이 느리게 흐르기 때문에 형이 여행을 하고 돌아오면 동생의 나이가 더 많아져 있을 것이다.

그러나 운동은 상대적인 것이므로, 우주선을 타고 있는 형의 입장에서 보면 지구가 광속으로 멀어져가 동생의 시간이 느려지는 것으로 보이게 된다. 이건 분명 역설이다. 왜 이런 일이 벌어지는가? 답은 가속도와 중력은 등가라는 아인슈타인의 일반 상대성 이론에 있었다.

실제로 우주선이 일정한 속도로 비행하는 동안 지구와 우주선은 동등한 관성계에 있으므로, 어느 쪽에서 보아도 상대방의 시계가 느려지는 것으로 보인다. 그러나 우주선이 지구에서 출발할 때, 목적지 A별에서 방향을 바꿀 때, 귀환할 때 각각 감속과 가속 단계가 따르고, 이때 모두 중력마당을 형성한다. 일반 상대성 이론에 의하면, 중력마당에서 시간은 느리게 흐른다. 따라서 결국 쌍둥이 역설은 성립되지 않고, 지구로 돌아온 형은 자기보다 늙은 동생을 보게 된다.

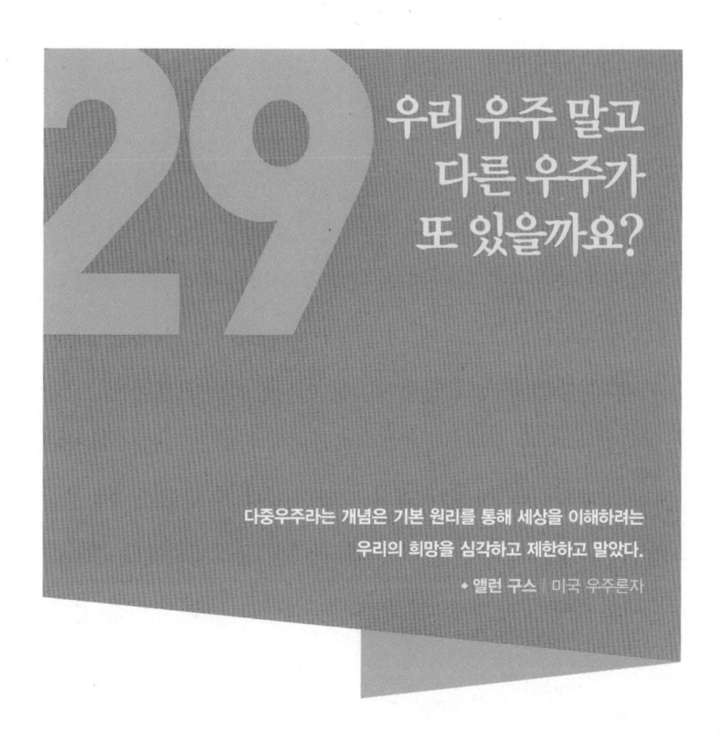

우리가 살고 있는 우주 외에도 다른 우주들이 존재한다고 주장하는 사람들이 있죠. 그런 우주를 다중우주라 하며, 그런 주장을 다중우주 해석이라 하죠.

그 같은 주장에 따르면, 다른 우주가 존재하지만 우리 우주와는 아무런 인과관계가 없으며, 관측이나 소통도 전혀 불가능하다고 합니다. 참 황당한 소리처럼 들리기도 하는데, 우리 우

주와 그런 우주들을 통틀어 일컫는 단어조차 아직 제대로 없어요. '우리 우주에는 다른 우주들도 있다'는 말 자체가 모순이니까, 일단 모든 우주를 아우르는 말로 '초우주'라 하기로 하죠.

다중우주론자들은 우리 우주가 초우주의 일원일 뿐이라고 주장하며, 초우주를 구성하는 다른 우주들은 우리 우주에서 파생되어 나왔다고 보는 게 다중우주 해석입니다. 이 같은 다중우주론은 앨런 구스의 인플레이션 이론을 바탕으로 하고 있습니다. 갓 태어난 우주가 급격한 인플레이션을 겪으면서 엄청난 규모로 팽창하여 현재는 거의 평탄한 우주가 되었죠. 이 인플레이션 과정에서 우주 안팎에 각각 다른 물리법칙들이 지배하는 새끼 우주들이 계속 생겨났다는 겁니다. 그래서 아들 우주, 손자 우주라고 불리죠. 이들 우주들과는 웜홀로 이어져 있다는 주장도 있답니다.

다중우주 해석에 따르면, 시간과 공간 속의 어떤 지점에서 자발적으로 붕괴되는 우주를 구상하고, 붕괴가 있을 때마다 팽창이 일어나는 것으로 가정합니다. 이때의 팽창효과는 크지 않지만, 충분히 긴 시간 동안 꾸준히 지속되면 급팽창한 것과 같은 효과를 낳는다는 거죠. 따라서 팽창이 영원 지속적이면 대폭발이 수시로 일어나면서 여러 개의 우주가 탄생하게 되고 다중우주로 나아간다는 겁니다. 하나의 우주는 영원하지 않지만, 다중우주의 원리가 계속 적용되어, 일부는 우주밀도 값이 너무 커서 소멸되거나 혹은 너무 작아 계속 팽창하는 우주도 있죠. 하지만 우리 우주는 밀도 값이 거의 1로 평탄한 상태이기 때문에 존재하고 있다는 겁니다.

최초로 다중우주 해석을 들고 나온 사람은 1957년 프리스턴 수학과 학생이었던 에버렛 휴였죠. 그는 존 휠러를 지도교수로 하여 박사논문 주제로 이 해석을 다루었고, 그의 논문은 〈현대 물리학 리뷰〉에 '양자역학의 상대상태 공식화'란 제목으로 게재되었지만 반응은 신통찮았어요.

휴의 다중우주 해석에 따르면, 슈뢰딩거의 고양이[1]는 코펜하겐 해석[2]처럼 삶과 죽음(파동함수)이 중첩된 상태가 아니며, 상자의 뚜껑을 여는 순간 우주는 두 갈래로 갈라지고, 죽은 고양이와 산 고양이가 서로 다른 우주에 동시에 존재한다는 거죠.

---

1 — 오스트리아의 물리학자 슈뢰딩거가 관측행위가 결과에 영향을 미친다는 양자론을 반박하기 위해 내세운 사고실험으로, 밀폐된 상자 속에 독극물과 함께 있는 고양이의 생존 여부는 그 상자를 열어서 관찰하는 여부에 의해 결정되지 않는다고 주장했다.

2 — 양자역학의 수학적 서술과 실제 세계와의 관계에 대한 표준 해석으로, 닐스 보어와 베르너 하이젠베르크 등에 의한 정통해석으로 알려져 있다.

두 상태 사이에 가중치를 둘 수는 없다고 주장합니다. 따라서 일어날 가능성이 조금이라도 있는 사건(양자역학적 확률이 0이 아닌 사건)은 분리된 세계에서는 하나도 빠짐없이 '실현'된다고 보는 거죠. 곧, 그 사건이 발생하는 다른 우주가 반드시 존재한다는 겁니다.

다중우주론자들은 우주 지평선 너머에 우리 우주와는 또 다른 우주가 밤하늘 별처럼 셀 수 없을 정도로 존재한다는 가설을 내놓고 있죠. 그들은 우리 우주도 하나의 거품 형태로 존재한다고 보며, 그런 거품이 수도 없이 많다는 겁니다. 그리고 각각의 우주는 따로 분리되어 있기는 하지만 물리법칙은 엇비슷하다고 가정하죠. 우리 우주는 다양한 속성을 갖고 있는 엄청나게 많은 우주 중의 하나에 불과하며, 우리가 살고 있는 특정 우주의 가장 기본적인 속성 중 일부는 그저 우주의 주사위를 무작위로 내던져서 나온 우연의 결과일 뿐이라는 것이 다중우주론의 핵심 개념이랍니다.

휴의 다중우주 해석은 양자역학의 연구가 활발히 이루어지고 있을 무렵, 급팽창 이론과 끈 이론 등 여러 과학적 이론에 접목되어 큰 영향을 미쳤죠. 나중에 대중적으로도 널리 알려지게 되었고, 물리학과 철학의 수많은 다세계 가설 중 하나로, 현재는 코펜하겐 해석과 함께 양자역학의 주류 해석들 가운데 하나로 자리 잡고 있답니다.

다세계 해석은 확률적으로 가능한 모든 세계를 인정하죠. 따라서 이 논리에 따르면 자연스럽게 다중우주를 긍정할 수 있고, 그 가운데에서도 평행우주의 개념 또한 포함되죠. 다세계 해석에 따르면, 다세계의 모든 존재들은 오직 자신이 속한 세계만을 인식한다는 거죠. 그렇다면 결국 다세계 해석이 옳은 것이라 하더라도 그 존재를 실제로 확인하는 것은 원리적으로 불가능하다는 얘깁니다. 스티븐 호킹도 "다른 우주도 있을 수는 있겠지만, 불행하게도 그 다른 우주들은 절대로 탐사할 수 없을 것이다"라고 못박았죠. 어찌 보면 이 다른 우주는 우리가 옛날 소싯적 흔히 써먹던 '우리 집 금송아지' 같은 존재일지도 모르죠. 절대 확인 불가니까요.

그동안 이 같은 주장으로 다중우주론은 수많은 논란을 불러일으켰으며, 아직까지 순전한 가설의 영역에서 벗어나지 못하고 있는 것도 사실이죠. 이것을 부정적인 시각으로 보는 사람들은, 우리 우주에 어떤 영향도 주지 않으며, 어떠한 소통과 관측도 불가능한 이상, '관측할 수 없는 것이 존재하고 있다'는 것은 논리상 합당하지 않다고 비판합니다.

다중우주론자들은 다른 우주의 존재 증명을 위해 지금도 우주배경복사에서 우주 충돌의 단서를 열심히 찾고 있는 중이랍니다. 얼마 전 한 연구팀이 우리 우주가 다른 우주와 충돌한 자국으로 보이는 흔적을 찾았다는 발표가 있었죠. 우주끼리 충돌할 때도 우주배경복사에 영향을 미치고, 그 흔적이 남아 있을 거라는 점에 착안한 연구팀은 빅뱅 때 처음 발생한 '태초의 빛'인 우주배경복사를 7년간 관측한 자료를 활용해 자체 개발한 컴퓨터 프로그램으로 우주끼리 충돌한 흔적을 찾았답니다. 하지만 우리 우주에서 다른 우주를 관측했다고 해도 그 결과가 맞는지 틀리는지 그 누구도 알 수 없다고 말하는 과학자도 있죠.

그러나 칼 세이건의 말마따나 '증거의 부재가 곧 존재의 부재는 아니기' 때문에, 다중우주론이 신의 존재 증명처럼 영원히 증명할 수 없는 가설로 끝날지, 아니면 어떤 단서가 밝혀질지 현재로선 아무도 장담할 수 없긴 하죠.

이처럼 다중우주를 입증하는 것은 현대과학으로는 지금이나 앞으로나 쉽지 않을 거라는 게 과학계의 일반적인 시각입니다. 그러나 다중우주론은 우리 우주가 수많은 우주 중 '변방의 한 개 우주'일 뿐이라는 지적 상상력을 펼치는 계기를 만들어

주고 있긴 하죠. 우주론 전문가인 경희대 물리학과 남순건 교수는 "다중우주론은 코페르니쿠스의 지동설이 세계관을 바꾸어놓았듯이 인류가 더 큰 세계관을 가질 수 있는 첫걸음"이라고 평가하기도 했답니다.

30 엄청난 돈이 들어가는 우주탐사는 왜 하나요?

우리는 탐험을 중단하지 않을 것이다.
그리고 우리 탐험의 종착지는 우리가 출발한 장소일 것이다.
그리고 그곳을 처음으로 알게 될 것이다.

• T. S. 엘리엇 | 미국 시인

고비용의 우주탐사space exploration를 왜 하느냐는 질문을 들으면 늘 가장 먼저 떠오르는 말이 있습니다. 외국의 어느 가수가 부른 "쥐새끼가 내 누이 넬을 물어뜯는데 백인놈은 달에 가 있네(〈백인놈은 달에 가 있네〉, 질 스콧 헤론 노래)"라는 노랫말입니다.

우주개발이 현대판 피라미드 건축이라는 비판을 듣는 이유는 거기에 들어가는 막대한 비용 때문이죠. 당장 우주로 나가

봐야 아무런 실익도 없는데, 그 돈으로 지상의 가난한 사람들이나 돌보라는 절실한 외침이라 할 수 있죠. 우주개발은 돈 없으면 할 수 없는 사업이죠. 우주개발의 선두주자들은 대개 잘사는 나라들이지, 빈국은 별로 없어요. 부자 나라가 우주개발에 쏟아붓는 돈을 빈국 원조에 조금만 돌리더라도 무서운 속도로 사라져가는 지구의 허파, 아마존과 동남아 열대우림을 보존할 수 있을 거라는 주장도 나름 설득력을 얻고 있죠.

물론 이 같은 주장에 응당 귀 기울여야겠지만, 그래도 인류가 우주개발을 멈출 수 없는 것은 언젠가 인류가 지구를 떠나 우주로 나가지 않으면 안 될 때가 올지도 모르기 때문이죠. 게다가 인간은 호기심의 동물로, 뭔가를 알고자 하는 본능을 타고났기 때문이기도 합니다. 우리가 사는 우주를 제대로 이해하려면 우주로 나가지 않으면 안 되죠.

또한 우주개발로 인해 얻는 과학적인 성과도 결코 작지 않죠. 1980년대 우주비행사들의 눈을 보호하기 위해 개발된 유해광선 차단 필터는 곧바로 선글라스에 적용됐으며, 우주선 계기판 손상을 막기 위해 개발된 긁힘 방지 렌즈도 대부분의 안경과 선글라스에 사용되고 있어요. NASA는 달 탐사 아폴로 계획을 진행하면서 정수기와 전자레인지도 개발했죠. 이외에도

■ 위용을 드러낸 스페이스X의 유인 우주선 '스타십'. 2020년대 중반 화성 여행을 목표로 삼고 있다. (출처/SpaceX)

우주탐사 기술이 일상생활에서 쓰이는 경우는 공기청정기, 알루미늄 단열장치, 카이놀 섬유(방재 마스크에 이용), 형상기억 합금, 연료전지, 위성항법 시스템(GPS), 자기공명영상(MRI), 컴퓨터 단층촬영(CT) 등등 헤아릴 수 없을 정도죠. 특히 무중력 상태에서 하는 실험으로 의약 부문에서 큰 성과들을 거두고 있답니다.

막대한 비용 문제에 대해서는 한 예만 들어보도록 하죠. 2019년 미국의 예산이 4조 8천억 달러인 데 비해 NASA의 예산은 226억 달러로, 약 0.5% 비율입니다. 이는 미국의 3억 3천만 인구가 1인당 7달러만 내면 NASA가 1년간 우주 프로젝트를 진행할 수 있다는 뜻이죠. 그 돈 아깝다고 NASA의 모토 'To discover and expand knowledge for the benefit of humanity'라는 인류적인 비전을 포기해야 할까요?

참고로, 한국의 경우 2020년 우주개발 예산은 6,158억 원으로, 국가 총예산 512조의 0.1% 정도랍니다. 이 액수는 일본과 중국에 비하면 약 10분의 1 수준이죠. 당장 돈이 안 되는 일은 하지 않는다는 의식으로는 우주 강국으로의 길은 요원하다 하겠습니다.

우주탐사 지지자들은 자연자원 부족, 혜성 충돌, 핵전쟁, 전 세계적 전염병 발병 등을 생각할 때 인류가 지구에 계속 머물면 결국 종말뿐이라며 인류에게 우주탐사가 필수라고 주장하죠. 몇 년 전 작고한 영국의 유명 물리학자 스티븐 호킹은 "우리가 우주로 흩어져 살지 않더라도 수천 년 후에 인류가 살아남을 수 있을 것이라고 생각지 않는다. 하나의 행성에만 모여 사는 생명체에게 있을 수 있는 위험이 너무 많다. 그러나 나는 낙관주의자다. 우리는 별들을 향해 발을 내디딜 것이다"라고 말했죠.

미국 천문학자인 닐 타이슨은 2008년 NASA 50주년을 기념해 쓴 글에서 "NASA는 미국이라는 국가 정체성의 일부이자, 인류의 꿈을 상징하는 존재입니다. 우주는 모험심을 양성하고 내일의 꿈을 키워주는 무한한 원천입니다. 그리고 신천지로 나아가려는 것은 우리 유전자에게 새겨진 본성이기도 합니다"라고 했죠. 나아가 타이슨은 인류는 달에 다시 인간을 보내야 하며 화성 유인 탐사도 필요하다고 주장했죠.

요컨대, 우주개발은 인류의 미래를 담보하기 위한 보험이라 할 수 있습니다. 머지않아 보통 사람들도 우주여행을 할 수 있는 시대가 열릴 겁니다. 벌써 일부 우주여행사에서는 우주여행 티켓 예매를 시작했다고 합니다.

우리나라의 경우 미국, 중국, 러시아, 일본, 프랑스, 인도와 같은 우주개발 선진국에 비하면 우주산업이 많이 뒤떨어져 있지만, 2022년 7월 스페이스X사에서 개발한 발사체 팔콘9을 활용한 달 궤도선을 발사할 계획이며, 2030년으로 예정한 달 착륙선 개발을 위해 필요한 핵심기술 개발에도 주력하고 있는 중입니다.

우주복을 입지 않고 우주 공간에 나서면 어떻게 될까?

만약 우주복 없이 우주로 내동댕이쳐졌다면 어떤 일이 벌어질까? 좀 끔찍한 일이긴 하나, 영화에서 충분히 나올 수 있는 장면이다. 일단, 당장 폭발하거나 죽지는 않는다.

우리 몸은 1기압이고 우주 공간은 0기압이지만, 인체가 의외로 튼튼하여 이 정도 기압차로는 당장 무슨 일이 일어나지는 않는다. 몸의 어느 부분이 돌출하거나 찢어지거나, 안구돌출 같은 것도 없지만, 눈의 모세혈관 같은 것은 터질 수 있다. NASA에서 지원자를 대상으로 진공 감압실험을 해본 결과, 그런대로 견딜 만했다고 한다. 다만 몇 가지 사실이 밝혀졌는데, 물속에서는 숨을 참을 수 있지만 진공에서는 불가능하다는 것, 10명 중 8명은 방귀가 나온다는 것 정도다.

우주 공간에서 사망의 직접적인 원인은 저압으로 끓는점이 낮아 체액이 끓어오르고 증발하여 질식하는 것이다. 1965년 존슨 우주센터 우주복 실험관인 짐 르블랑이 우주복이 찢어진 사고를 당했는데, 우주인은 14초간 의식을 유지했고, 사고 발생 후 15초에 압력을 높인 결과 후유증 없이 회복할 수 있었다.

NASA는 60년대에 침팬지와 개 등 동물을 이용해 진공에서 얼마나 생존할 수 있는지 실험을 했는데, 10초에서 15초 동안은 의식이 있으며, 최대 90초까지 심각한 상처를 입지 않고 생존할 수 있다는 결론을 내렸다. 따라서 짧은 시간 우주에 노출되었다면, 그 우주인을 구조해서 살리는 것이 가능하다는 얘기다. 실제로 잘 훈련받은 사람이 우주복 없이 우주 공간으로 나갈 경우, 1분 정도는 생존 가능하다고 한다. 잠시 견딜 만한 건 아직 피에 산소가 남아 있어 뇌가 정상 작동하기 때문이다. 하지만 몇 초 후 산소가 소진되면 피부가 파랗게 변색되며 의식을 잃고 사지경련이 일어난다. 뒤이어 체액이 끓고 질식하여 숨지게 된다.

우주복은 산소와 압력을 공급할 뿐만 아니라, 유해한 자외선과 방사선을 막아준다. 유해 광선들을 제대로 막아주지 못하면 화상과 유전자 변이, 암 발생으로 이어질 수 있다. 우주복을 입은 채 우주에 떨어졌다고 하더라도 살 수 있는 시간은 7시간 정도밖에 안 된다. 우주복의 산소 공급장치 용량이 7시간분이기 때문이다. 영화 〈그래비티〉에서 샌드라 블록을 구하고 대신 우주 속으로 사라진 조지 클루니는 7시간 뒤에 죽음을 맞았을 것이다.

결론은, 우주복을 입지 않고 우주 공간에 떨어진다면 대단히 공포스럽고 정신이 아뜩해지겠지만, 그렇다고 당장 치명상을 입거나 의식을 잃지는 않는다는 것이다. 그렇다 하더라도 혹시 기회가 생겼다고 맨몸으로 우주 공간에 덤벙 뛰어들진 말기 바란다.

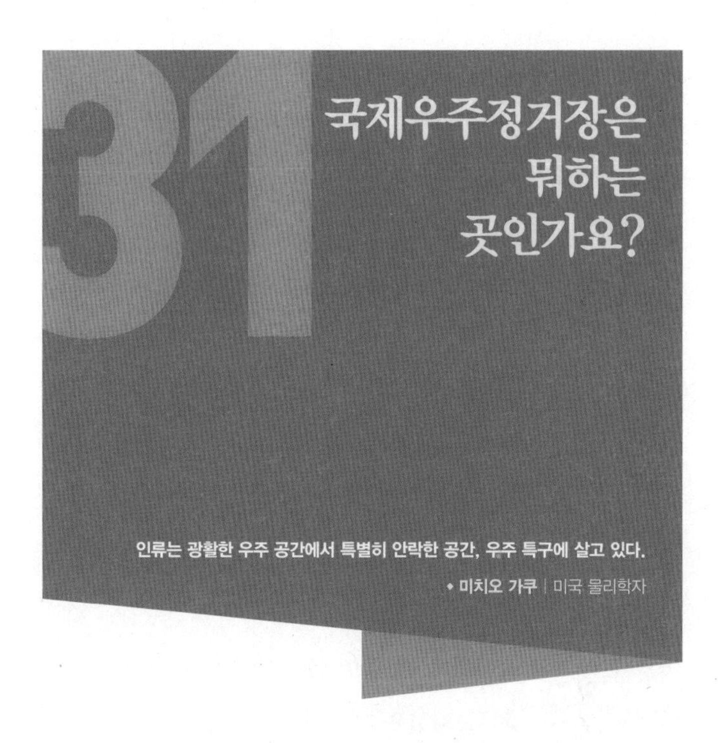

31 국제우주정거장은 뭐하는 곳인가요?

인류는 광활한 우주 공간에서 특별히 안락한 공간, 우주 특구에 살고 있다.

• **미치오 가쿠** | 미국 물리학자

지금도 우주에서 살고 있는 사람들이 있죠. 지상 400km 궤도에서 90분 만에 지구를 한 바퀴씩 도는 국제우주정거장[ISS]의 우주인들이 그 주인공이죠. 2008년 4월 우리나라 최초의 우주인 이소연이 이곳에서 머물면서 과학실험을 수행하기도 했죠.

인류는 1971년 이래 저지구 궤도에서 유인 우주정거장을 운영해오고 있기 때문에 인간이 우주에서 살게 된 것도 벌써

반세기나 된 셈이네요. 하지만 우주에서의 생존에는 수많은 제약들이 따르죠. 생존 필수품을 들자면 공간, 공기, 물, 식량, 온도 등 생명유지 환경이 모두 인공적으로 갖추어져야 비로소 사람이 살 수 있는 거죠.

그래도 무중력만은 어쩔 수가 없는 문제랍니다. 지구의 중력가속도와 우주선의 가속도가 정확히 균형을 이루어야만 지구 궤도를 돌 수 있는 만큼 우주선 안은 무중력 상태일 수밖에 없죠. 이것이 사람 몸에 많은 문제를 일으킵니다.

의학적으로는, 중력이 약한 곳에 장시간 있으면 뼈의 중량이 줄고, 근육이 위축되며, 심장혈관계에 커다란 변화가 일어납니다. 러시아 우주비행사가 70년대에 미르 우주정거장에 100일 머문 후 지구로 돌아왔을 때, 몸이 아주 망가져서 조금만 더 있었다면 회복이 불가능해졌을 정도였다고 합니다. 지금은 무중력 적응 기술이 많이 발전하여 러시아 우주비행사 발레리 폴랴코프는 1995년 미르에서 438일 연속체류 기록을 세웠죠.

현재도 ISS에서 장기체류 실험이 이루어지고 있는데, 처음에는 6개월 체류에서 출발해 차츰 1년까지 늘려가고 있는 중이죠. 이는 화성까지 가는 데 7개월이 걸리기 때문에 장기간 우주비행에서 나타날 수 있는 문제점들을 미리 파악하기 위한 거랍

■ **국제우주정거장. 러시아와 미국을 비롯한 세계 각국이 참여하여 1998년에 건설이 시작되어 현재는 완공된 다국적 우주정거장이다.** (출처/NASA)

니다.

지금까지 ISS에서 세운 최장 체류기록은 미국 우주인 스콧 켈리의 340일입니다. 여성 우주비행사로는 NASA 우주비행사 크리스티나 코크가 세운 328일이죠. 이는 스콧 켈리에 이어 두 번째로 긴 기록이기도 하죠. 코크는 ISS에서 약 11개월을 머물며 지구를 5,248바퀴를 돌며 2억 2,370만km를 비행했죠. 지구에서 달까지 291차례를 왕복한 것에 맞먹는 거리랍니다.

지구 궤도에 우주정거장을 띄우는 목적은 지구상에서는 불가능한 무중력 상태에서 하는 과학실험과 우주관측, 그리고 장기간에 걸친 우주여행에서 나타날 수 있는 문제점 발견과 그에 대한 적응훈련 등을 하기 위해서입니다. 또한 우주정거장은 사람이 우주 공간으로 진출하기 위한 전초기지 역할도 맡고 있답니다. 지구에서부터 우주정거장까지 사람이나 기자재를 우주왕복선으로 옮긴 뒤, 이곳에서 다시 정비하여 본격적인 우주항행에 나서게 되죠. 따라서 우주정거장은 사람이 반영구적으로 생활해야 하기 때문에 대개 대형 구조물이 됩니다. 우주정거장은 주요 추진 장치와 착륙설비가 없다는 점에서 우주선과 구분되죠. 대신 다른 우주선들이 우주정거장에 승무원과 화물을 싣고 나른답니다.

ISS는 러시아와 미국을 비롯한 세계 각국이 참여하여 1998년에 건설이 시작되어 현재는 완공된 다국적 우주정거장으로, 2030년까지는 운영될 예정이랍니다. ISS는 부피가 약 1,000m³, 무게가 약 400톤, 구조물 길이 108m, 모듈 길이 74m이며, 6명의 승무원이 생활할 수 있죠. 지상에서 육안으로도 볼 수 있답니다. 밤하늘에서 점멸하지 않는 불빛 하나가 하늘을 천천히 가로질러가는 것을 본다면 ISS일 가능성이 높아요. 이쪽 하늘에서 저쪽 하늘로 가로지르는 데 약 15분 걸립니다. ISS를 추적하는 앱을 이용하면 ISS의 관측 시간과 위치를 알려주죠.

2019년 7월 중국의 톈궁天宮 2호가 궤도를 이탈해 추락한 이후, 현재 운용 중인 우주정거장은 ISS뿐입니다. 이전에는 살류트 시리즈, 스카이랩, 톈궁 1호 등이 있었죠. 그런데 톈궁 1호가 2016년 9월 '기계·기술적 결함'으로 통제불능에 빠졌는데, 이 같은 사실이 미국의 아마추어 우주 전문가가 관측을 통해 밝히기 전까지 중국측이 쉬쉬하는 바람에 눈살을 찌푸리게 했죠. 추락이 예상되던 톈궁 1호는 2년 뒤인 2018년 4월 2일 지구 대기권에 진입해 파편 대부분이 소멸했으며, 오전 9시 남태평양 중부 지역으로 추락했죠. 이로써 발령되었던 우주 위험 경보도 해제됐지만, 그동안 어디에 떨어지나 숨죽이고 지켜보던 지구 행성인들에겐 대형 민폐였죠.

32

인류가 화성에 이주해 살 수 있을까요?

화성에 생명체가 존재한다면 화성은 화성인의 것이다.
그것이 비록 미생물에 불과한 것일지라도.

• 칼 세이건 | 미국 천문학자

화성이 과연 인류의 제2고향이 될 수 있을까요?

화성에 탐사선을 보낸 나라는 미국뿐 아니라 러시아, 유럽 우주국, 인도 등이 뒤를 잇고 있죠. 지금까지 화성 표면에 내려앉은 탐사 로봇만 하더라도 10개가 훌쩍 넘습니다. 세계는 왜 이처럼 화성 탐사에 열을 올리는 걸까요? 그것은 태양계 내에서 인류가 개척할 수 있는 천체로 화성이 가장 유력하기 때문입니다.

지구처럼 암석형 행성인 화성은 바로 이웃 행성인데다, 자전축 기울기가 25.2도로 지구의 23.5도와 비슷해 지구처럼 사계절이 있죠. 화성의 1년 길이, 곧 공전주기는 687일이며, 화성 태양일[sol]은 지구보다 약간 길어서 24시간 40분입니다. 이처럼 화성은 여러모로 지구와 많이 닮았지만, 지름이 지구의 반 남짓해서 중력이 지구의 40%밖에 안됩니다. 화성 지표에 물이 없이 건조하고 대기 밀도가 지구의 100분의 1에 불과한 것은 대체로 약한 중력 때문이죠.

그럼에도 불구하고 화성에 대한 인류의 관심은 고대로부터 현대에까지 변함없이 이어지고 있죠. 20세기 초에는 화성에 지성체가 살고 있다는 믿음이 광범하게 퍼져 화성인 색출작업이 활발히 이루어졌으며, 그 열풍이 허망하게 스러지자 이번에는 미생물이 살고 있을 거라고 믿는 일부 과학자들이 화성 미생물 찾기에 경쟁적으로 뛰어들었죠. 그 열기는 아직까지 이어져 현재 화성 프로젝트의 최대 목적이 화성 미생물 찾기가 되고 있답니다.

과연 화성에 생명체가 살고 있거나 과거 한때 살았을까요? 이는 아직까지 결론이 나지 않고 있지만, 화성을 제2의 지구로

▪ 스웨덴의 개념화가 빌 에릭슨이 화성이 인류에 의해 개척되어 제2의 고향이 된 모습을 묘사한 그림. 화성 지표에 세워진 거대한 돔형의 구조물 속에 도시가 입주해 있는 미래의 화성 식민지를 보여주고 있다.

만들고자 하는 인류가 최우선으로 해결해야 할 문제로, 누군가 화성 생명체를 발견한다면 과학사 최대의 발견이 될 겁니다. 반대로 그 부재가 증명되더라도 마찬가지죠. 어느 쪽이든 인류의 지성사에 지대한 영향을 미치겠죠.

인류가 지구에서 영원히 살 수 없으리란 사실은 명백하며, 언젠가 지구를 떠나 제2의 고향에 삶의 뿌리를 내릴 것으로 미래학자들은 예상하고 있죠. 〈마션The Martian〉 같은 SF 영화가 크게 관심을 끄는 것도 이러한 사실과 무관하지 않습니다. NASA의 자문을 받아 만들어진 이 영화는 모래 폭풍으로 인해 화성에 홀로 남겨진 한 괴짜 과학자의 분투기를 그린 얘기죠. 화성에서의 생존 가능성에 대해 과학적인 사실들을 폭넓게 다루고 있는 이 영화에서 마크가 화성의 토양을 농사짓기에 적합한 토질로 개량하는 것은 일종의 테라포밍이라 할 수 있어요. 지구를 뜻하는 단어인 '테라terra'에 '만들다'라는 의미의 '포밍forming'이 합쳐진 신조어인 테라포밍은 다른 천체 환경을 지구의 대기 및 온도, 생태계와 비슷하게 바꾸어 인간이 살 수 있도록 만드는 작업을 말하는데, 지구화 또는 행성 개조라 하기도 하죠.

인류가 화성에 정착하기 위해서 해결해야 할 가장 중요한 문제는 산소가 거의 없는 화성 대기에 산소를 공급해 숨쉴 수 있는 공기를 만드는 것, 암을 유발하는 강력한 우주선宇宙線을 막아줄 기지 건설, 에너지와 물의 확보 등을 들 수 있습니다. 다행히 화성은 물이 풍부한 것으로 알려져 있죠. 그러나 물은 액체 상태가 아니라 지하나 지표에 얼음 상태로 존재합니다.

현재 화성의 지표는 춥고 건조하지만, 수십억 년 전 많은 강과 호수 그리고 바다가 존재했던 증거를 수없이 갖고 있답니다. 과학자들은 45억 년 전 화성은 지표를 20% 뒤덮을 만큼

많은 물을 가지고 있었다고 보며, 그 87%는 우주로 증발했지만, 아직도 화성 지각 아래에는 엄청난 양의 물이 있을 것으로 예측하고 있습니다. 이 물을 이용해 산소와 수소를 얻고, 미생물과 식물을 키워 화성의 환경을 바꾼다는 테라포밍이 조심스레 거론되고 있죠. 그러나 수백 년 내지 1천 년의 시간이 필요할지도 모른답니다.

에너지 문제 역시 극복하기 힘든 난관이죠. 화성에서 식물 재배를 할 수 있을 만큼 충분한 빛을 얻기는 쉽지 않은 일이죠. 화성이 지구보다 태양에서 1.5배나 더 멀고, 표면의 빛의 세기가 지구의 60%에 불과하기 때문이죠. 따라서 평균기온 영하 63도인 화성에서 절대 부족한 에너지를 확보하기 위해서는 지구로부터 많은 소형 원자로를 가져갈 뿐 아니라, 대형 솔라 세일solar sail을 설치해 태양 에너지를 대량으로 생산하는 것이 대안으로 떠오르고 있습니다. 과학자들이 생각하는 이 솔라 세일은 대각선 길이가 약 240km에 이르는 얇은 알루미늄 거울 같은 것으로, 화성의 정지 궤도에 띄우고 태양빛을 반사하게 한다는 겁니다. 현재 단계에서는 거의 SF 공상소설처럼 들릴지도 모르지만, 인류의 과학이 앞으로 발달하면 불가능하지만은 않을 것으로 보고 있죠.

어쨌든 화성에 대한 인류의 관심은 갈수록 뜨거워지고 있으며, 우주개발업체 스페이스X사를 이끄는 일론 머스크 같은 CEO는 "인간을 다행성 종족multi-planetary species으로 만들겠다"고 선언하고, 2024년까지 화성에 지구인 정착촌을 세운다는 당찬 야심을 공표했죠. 이 회사는 야심차게 발표했던 우주여행선 스타십Starship의 시제기를 머지않아 발사대에 올릴 계획이며, 최근에는 첫 '민간' 유인 우주선을 발사하여 국제우주정거장에 도킹하는 데 성공했죠.

NASA 역시 2035년까지 화성에 사람을 보낼 계획으로 2021년 승무원을 태운 우주선 오리온을 시험비행하고, 오는 2030년쯤에 본격적인 화성 탐사에 투입할 예정이랍니다.

어쨌든 인류의 화성 정착촌은 이제 공상을 넘어 현실로 성큼 다가선 단계이며, 머지않아 우리는 화성과 지구 행성을 오가는 우주선 행렬들을 보게 될 겁니다.

인간은 과연 '다행성 종족'이 될 수 있을까요?

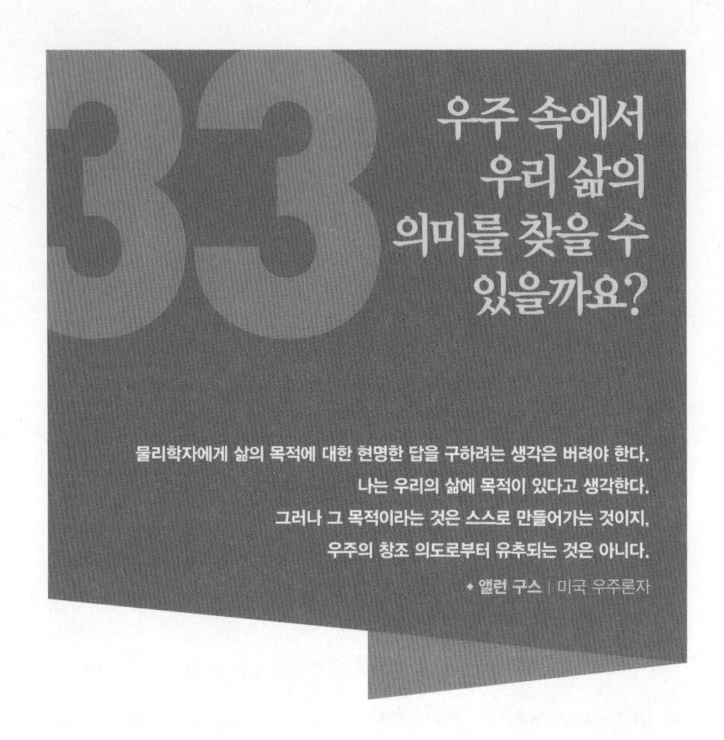

우주 팽창을 발견한 에드윈 허블은 "천문학의 역사는 멀어져가는 지평선의 역사다"라는 명언을 남겼죠. 천문학의 역사는 또한 우주 속에서 인간이 차지하는 위치에 관한 역사이기도 합니다. 지난 시대의 사람들은 인간이 우주의 중심이라고 믿어 의심치 않았죠. 그러나 오늘에 와서 보면 인간은 우주의 중심은커녕 우주의 어느 구석에 있는지도 모를 티끌이요 바람임을

알게 되었죠. 우리는 우주의 중심은커녕 심지어 가장자리도 아니죠. 지름 10만 광년의 우리은하도 우주의 작은 조약돌 하나일 뿐이죠. 그러나 우리는 이 은하 바깥으로는 한 발짝도 벗어날 수 없는 존재랍니다.

인간이 가장 빠른 로켓을 타고 우리은하를 탈출한다면 얼마나 걸릴까요? 현재 인류가 끌어낼 수 있는 최대 속도는 초속 23km죠. 이는 2015년 명왕성을 근접비행한 NASA 탐사선 뉴호라이즌스가 목성의 중력도움를 받아 만들어낸 속도로, 지구 탈출속도의 2배가 넘으며, 총알보다 23배나 빠른 속도랍니다.

뉴호라이즌스에 올라타 우리은하 끝에서 끝까지 한번 날아가보죠. 얼마나 걸릴까요? 지름 10만 광년을 초속 23km로 나누면 금방 답이 나오죠. 14억 년! 우주 역사의 약 10분의 1에 해당하는 시간입니다. 지구상에 나타난 지 몇십만 년밖에 안 되는 인류에게 14억 년이란 거의 영겁이라 할 만하죠. 그때쯤이면 장엄하게 빛나던 태양은 점점 체온이 높아가 뜨거워질 것이며, 지구는 석탄불 위의 감자처럼 바짝 구워져 염열지옥이 되어버렸을지도 모르죠.

그런데 이런 방대한 은하가 우주 공간에 대략 2조 개나 있고, 은하 간 공간의 평균거리는 수백만 광년이나 됩니다. 또한

▪ 130억 광년 밖의 우주. 곧 130억 광년 전 초기 우주 풍경이다. 허블 망원경이 찍은 것으로 '허블 울트라 딥 필드'라 불린다. 우주 탄생 후 얼마 되지 않아 태어난 1만여 개의 은하들이 모여 있다. (출처/NASA/ESA)

우주의 크기는 약 930억 광년이라는 계산서가 나와 있죠. 930억 광년이란 인간의 모든 상상력을 동원해도 실감하기 어려운 크기죠. 빛의 속도로 팽창하고 있는 우주는 앞으로도 얼마나 더 커질는지 아무도 모릅니다. 이처럼 우주는 광대합니다. 정말 터무니없이 광대하죠.

만약 우리가 우리은하 바깥으로 멀리 나가서 우주를 조망한다면, 이 광막한 우주의 전형적인 풍경은 이럴 것으로 나는 상상합니다. 밑도 끝도 모를 망망대해 같은 캄캄한 공간에 여기저기 희미한 반딧불 같은 은하들이 띄엄띄엄 떠 있는 적막한 풍경–. 사방을 둘러봐도 그런 흑암의 공간이 끝없이 펼쳐져 있을 뿐, 아무 소리도 들리지 않는 침묵의 공간이죠. 티끌보다 작은 지구는 보이지도 않을 겁니다. 만약 우리 옆에 사랑하는 이들마저 없다면 이 우주는 얼마나 더 적막한 장소가 될까요?

이 가없는 우주 속에서 인간의 의미, 삶의 가치는 과연 무엇일까요? 그것을 찾는다는 자체가 부질없는 노릇일 거라고 우주는 말해주는 듯합니다. 우주는 인간에 연연해하지 않는 것 같습니다. 오늘 당장 지구가 멸망한다 해도 이 우주 어디에서도 도움의 손길은 오지 않을 겁니다. 몇천 년 전 노자老子가 말한 천지불인天地不仁은 그런 뜻인지도 모르겠습니다.

수백억 년이란 영겁의 시간 속에, 광대무변한 우주의 공간 속에 '나'라는 존재는 이 자리가 아닌 다른 어디에 무엇으로 끼워넣어도 하등 달라질 게 없을 겁니다. 어디에 '나'라고 주장할 게 한 줌이라도 있습니까? 할로 섀플리의 말마따나 '나'는 뒹구는 돌일 수도 있고 떠도는 구름일 수도 있는 범아일체凡我一體의 우주인 거죠. 우리가 우주를 사색하는 것은 이러한 분별력과 자아의 존재에 대한 깨달음을 얻기 위함이라 할 수 있죠. 그것은 곧 '나'를 놓아버리고 '나'를 비우는 일이 아닐까요?

지금 이 순간에도 우주는 빛의 속도로 무한 팽창을 계속하고 있습니다. 지금 우리가 사는 오늘의 우주는 어제의 우주와 다르며, 내일의 우주는 오늘의 우주와 또 다를 겁니다. 이런 가운데서도 수많은 별들이 탄생과 죽음의 윤회를 거듭하고, 수천억 은하들이 광막한 우주 공간을 비산하고 있죠. 그 무수한 은하들 중 한 조약돌인 우리은하 속에서 태양계는 초속 220km로 그 변두리를 순행하며, 지구라는 행성은 또다시 초속 30km로 태양 주위를 순회하고 있죠. 원자 알갱이 하나도 제자리에 머무는 놈 없는, 그야말로 일체무상의 대우주입니다.

아인슈타인의 말마따나 인간이 우주를 이해할 수 있다는 게 정말 가장 이해하기 힘든 일일지도 모릅니다. 별이 남긴 물질에서 몸을 일으킨 인간이 스스로를 자각하는 존재로서 자신이 태어난 고향인 물질의 대향연을 바라보고 있는 거죠. 이것이 기적이요, 우주의 대서사시가 아니고 무엇일까요.

생각해보면, 우리 인류는 138억 년에 이르는 우주적 경로를 거쳐 지금 이 자리에 존재하게 된 거죠. 오랜 우주적인 사랑이 우리를 키워왔다, 저는 그렇게 생각합니다.

138억 년 전 빅뱅에서 태어난 수소와 별 속에서 만들어진 원자로 몸을 얻은 우리는 참으로 찰나의 생을 살다 다시 우주로 돌아가 낱낱의 원자로 분해될 겁니다. 그러면 그 속에 이미 '나'는 없습니다. 이것이 바로 우리 옆에 있는 사람들, 머지않아 헤어질 그들을 더욱 사랑해야 하는 이유가 아닐까요? 서로 사랑하는 것만이 이 우주에서 우리를 스스로 가치 있는 존재로 만들어주는 것이 아닐까요? 마지막으로 셰익스피어의 시 한 줄을 내려놓으며 글을 접습니다.

"머지않아 헤어질 것들을 열렬히 사랑하라."

(셰익스피어의 소네트 73 중에서)

천체관측은 어떻게 시작해야 할까?

우주 졸음쉼터 ⑪

보통 사람들은 별은 특별한 사람들만이 볼 수 있다고 생각하기가 쉽다. 그 이유는 대략 다음과 같을 거로 짐작된다.

첫째, 천문학을 웬만큼 알아야 하는데, 천문학은 어렵다.

둘째, 천체망원경이 무척 고가품이라 서민이 사기엔 무리다.

하지만 위 두 가지 이유는 대략 착각에 속한다. 첫째, 책 한두 권이면 충분히 천체관측을 할 기본 지식을 갖출 수 있다는 사실이고 둘째, 몇만 원 하는 쌍안경 하나만 있어도 훌륭한 관측이 가능하다는 사실이다. 그리고 천체망원경 값도 예전 같지 않게 많이 싸졌다. 본격 아마추어 천체망원경이라 하더라도 가격들이 많이 떨어져 몇십만 원 정도면 웬만한 수준의 장비를 손에 넣을 수 있게 되었다. 물론 비싼 것은 수천만 원대 가기도 하지만.

사실 맨눈만으로도 얼마나 감동적인 천체관측을 할 수 있는지, 경험자라면 누구나 알고 있다. 자신의 우아한 취미를 살리기 위해 책 몇 권, 돈 몇 푼 투자할 용의만 있다면 별지기가 되는 길은 그리 어렵지 않다. 당장 오늘 밤이라도 가능하다!

별지기들은 모두 '우주교' 신자들이기 때문에 포교 열정이 대단하다. 개중에는 수시로 망원경을 가지고 서울 청계천이나 강남대로에 나가 사람들에게 우주를 보여주는 훌륭한 분들도 적지 않다. 이들은 대우주를 무대로 노니는 사람들인지라, 예외가 없진 않지만, 대체로 대인배들이다.

"우주를 보고 별을 본다는 것은 엄청난 혜택을 받은 것이다. 그 혜택을 다른 사람들과 함께 나누지 않으면 안 된다"고 평생 주장했던 '천체망원경을 보는 성자' 존 돕슨의 신조에 따라 이들은 '많은 사람이 보는 망원경이 좋은 망원경이다'라는 믿음을 가지고 기꺼이 자기 망원경을 내놓고 보여주는 사람들이다. 반사망원경의 일종인

돕소니언 망원경(돕슨식 망원경)을 발명한 존 돕슨은 누구든 맘껏 망원경을 만들라고 특허등록을 하지 않았다. 그리고 사람들에게 우주를 보여주며 평생 독신으로 청빈한 떠돌이 삶을 살았다. 세계 별지기들의 멘토다. 2014년 초 작고. 향년 99세.

▪ 돕슨식 반사망원경을 개발한 존 돕슨. 전 세계 별지기의 멘토다.

1. 별지기가 되고 싶다면 먼저 기본도서 몇 권 정도는 읽을 필요가 있다. 아는 만큼 보인다는 말은 밤하늘에서도 진리다. 기본도서 다음에는 나름의 책들을 선택해 지식 레벨을 높여나간다.
2. 천문동호회 카페를 검색해 가입한다. 여기에 천문학과 장비에 관한 질문들을 올리면 고수 별지기들이 벌떼처럼 달려와 도와준다. 같이 관측을 할 기회도 많다. 눈동냥만 해도 본전은 뽑는다.
3. 자신의 휴대폰에 별자리 앱을 깐다. 이걸 밤하늘에 겨누면 반짝이는 저 별이 무슨 별인지 바로 알 수 있다. 별자리 공부를 따로 해야 하는 부담을 덜었다.
4. stellarium, sky safari 같은 자료를 사이트에서 무료 다운받아 PC에 깔면 실시간으로 밤하늘의 정보를 얻을 수 있다. 행성, 성운, 은하, 유명 별 등등의 현위치와 출몰 시간 등 많은 정보가 들어 있다. 토성, 화성, 목성 등 8행성들이 언제 어디 뜨나

알 수 있다.

5. 쌍안경 하나는 기본으로 갖고 있는 게 좋다. 4~10만 원 선이면 살 수 있다. 보통 7×50(7배/구경 50mm), 10×50 정도. 달 관측이나 일식, 은하 관측에 유용하다. 가격이 몇십만 원대로 싸면서도 성능이 훌륭한 천체망원경들이 더러 있다. 고수들에게 물어보면 금방 알 수 있다. 자동추적 망원경(goto 망원경)은 데이터를 입력하면 수천 개의 대상을 자동추적으로 찾아준다.
6. NASA에서 운영하는 APODAstronomy Picture Of the Day 사이트를 애독하면 좋다. 허블 우주망원경 등 최첨단 망원경들이 찍은 우주 풍경을 매일 하나씩 올려놓고 전문가의 짤막한 설명을 덧붙여놓는다. 물론 영어다. 이를 자주 보다 보면 영어 공부, 천문학 공부에 크게 도움이 되는 건 보너스고, 매일 우주 풍경의 아름다움을 만끽할 수 있다.

참고로, 천문현상 및 별자리 정보를 얻을 수 있는 사이트로는 한국천문연구원, 청소년수련관 별과꿈 관측소, 별만세, 미항공우주국 NASA, 천문인마을, 예천천문우주센터 등이 있고, 이밖에도 찾아보면 전국 각지의 어린이천문대 체인과 지자체들이 운영하는 시민 천문대들도 꽤 많다. 자녀들과 한번 방문한다면 좋은 우주체험을 할 수 있다.

이 정도면 별지기 되는 길이 그리 어렵지 않을 거라고 본다. 마음만 먹으면 오늘 밤이라도 '별 볼 일 있는 사람'이 될 수 있다.